123dabei – Wie man Imker wird.
Ein Buch von Michael Urban

Ich widme dieses Buch meinen Eltern Annemarie und Georg,
sowie meinen Lehrern Bernd-Udo Seiffarth, Ellen Nelde-Göers und Elisabeth Schlüter,
die mich geformt, begleitet und unterstützt haben. Danke.

Bedanken möchte ich mich aber auch bei meinen Imkerkollegen,
die mir dieses Wissen überhaupt erst einmal vermittelt haben und sich
viele viele Stunden Zeit genommen haben, mir meine zahlreichen Fragen zu beantworten.

Viele dieser Imker waren mit über 80 Jahren doppelt so alt wie ich
und es hat sehr viel Spaß gemacht zuzuhören.

Zuletzt gilt auch Elke Klinkenberg mein Dank, die meine vielen chaotischen
Aufzeichnungen sortiert und in Form gebracht hat.

© Pergamon Verlag 2011
Ibbenbürener Strasse 84-88
49479 Ibbenbüren

Telefon: +49 54 51 - 932 166
Telefax: +49 54 51 - 932 266

e-Mail: info@pergamon.de

ISBN 978-3-932166-22-8

Gestaltung und Druck: logiprint.com - die Onlinedruckerei, www.logiprint.com

Fotos: Michael Urban, Fotolia.com

Inhaltsverzeichnis

Kindheitsträume erfüllt der liebe Gott meist etwas später.

Als ich noch ein kleiner Junge war, faszinierte mich bereits meine Urgroßtante Lenchen mit ihren Bienen. Von ihr bekamen wir immer unseren Honig. Leider wohnte diese Urgroßtante viel zu weit weg um von ihr das Imkern zu lernen.

Aufgewachsen mitten in der Innenstadt, da war kein Platz für Bienen. Ein Junge aus meiner Grundschule hatte Bienen und ich war immer davon fasziniert, versuchte so oft wie möglich zu helfen. Dieser Junge war aber schon einige Jahre älter und besuchte schnell die weiterführende Schule. So war dieser Kurs sehr kurz, aber ich hatte meine ersten Lektionen bereits gelernt, als ich noch keine 10 Jahre alt war. Was ich da gelernt hatte, habe ich aber nie verlernt.

Zum richtigen Imkern bin ich dann über eine ganz andere Geschichte gekommen. Der Zitronenbaum unseres neuen Ferienhauses auf Gran Canaria trug auch im zweiten Jahr nur wenig Früchte. So ließ ich den Experten der Firma kommen, der unsere Gartenbäume und Pflanzen geliefert hatte. Die Ursache war schnell gefunden. Hier direkt ans Meer kamen keine Bienen geflogen. Es ist viel zu windig und zu weit von den nächsten Feldern entfernt. Der Gärtner gab mir zwei gute Tipps. Entweder selber mit dem Pinsel bestäuben oder einen Bienenkasten direkt in den Garten stellen.

Ich erinnerte mich an einen Bekannten aus dem Ort, einem Hobbyimker. Von ihm kaufte ich einen Bienenstock um diesen dann mit dem Flieger nach Gran Canaria mitzunehmen. Mit der Airline und auch mit den Behörden war alles geregelt. Kurz vor Abflug verweigerte allerdings ein Techniker

seine Unterschrift und damit mussten die Bienen erst in Deutschland bleiben. Montags entschuldigte sich die Airline dann und bot an die Bienen mit dem nächsten Flieger mitzunehmen. Dafür brauchte ich allerdings eine zusätzliche Genehmigung von den kanarischen Behörden. Diese waren über die merkwürdige Fracht etwas verwundert und informierten sich erst einmal beim Imkerverband auf Gran Canaria und dann ging alles ganz schnell. Nachmittags hatte ich zwei Völker im Garten stehen, aber nicht mit dem Flieger aus Deutschland, sondern vom Imkerverband. Meine Söhne und ich versorgten und beobachteten den ganzen Urlaub über unsere beiden Bienenvölker und hatten viel Spaß dabei. Wir hatten ein gemeinsames Hobby gefunden.

Zuhause zurück, stand da noch das Volk, das eigentlich nach Gran Canaria sollte. Wieder umtauschen? Nein, das wollten wir nicht. So bekam dieses Volk einen festen Platz in unserem Garten. Schnell kamen vier weitere Völker dazu, bis wir einige Monate später dann unseren eigenen Bienenwagen kauften. So konnten wir unser neues Hobby auch in Deutschland weiter verfolgen.

Wenn man einen Imker fragt, bestätigt er nur zu gerne: Es gibt kein schöneres Hobby als die Imkerei!

Und dennoch haben wir ein Problem. Deutschland hat zu wenige Imker. Die Lage ist dramatisch. Waren es 1990 noch mehr als 100.000 Imker mit mehr als einer Million Bienenvölkern, so sind es heute nur noch gut 85.000 Imker und 620.000 Bienenvölker, die für den Honigertrag sorgen. Und die Zahl der Imker nimmt weiter ab. Viele stehen kurz vor dem Ruhestand. Die meisten sind über 60 Jahre alt und die Kinder und Enkel interessieren sich kaum noch für das Hobby des Vaters oder Großvaters. Imkern ist nicht wirklich „en vogue" und liegt mit dem verstaubten Image auch nicht gerade im Trend. Aber genau das will ich ändern. Dieses Buch soll ein erster Schritt dazu sein.

Dem Verbraucher fällt das Problem nicht auf. Die Regale in den Supermärkten sind mit Honig dicht gefüllt. 80 Prozent dieser Honige sind aber Importhonige und die Qualität ist nicht immer so, wie sich der Verbraucher das eigentlich vorstellt.

Die Imkerzunft sucht verzweifelt Nachwuchs. Erstmals gibt es nun auch kleine finanzielle Unterstützungen für Einsteiger in die Imkerei. Ein besonders gutes Beispiel dafür ist der „Probeimker". Manche Imkervereine bieten Interessierten bereits seit 2004 das Probeimkern an. Hier lernen junge Imker von erfahrenen Bienenzüchtern. Ein weiterer Vorteil: Sie können sich ihre Ausrüstung inklusive Bienenvolk für den Anfang sogar mieten und ihr neues Hobby in Ruhe testen. Auf diese Weise konnten die beteiligten Vereine schon zahlreiche neue Mitglieder gewinnen. Kein Wunder. Wer sich einmal als Imker versucht hat, den lässt sein Hobby in der Regel nicht mehr los, der möchte davon erzählen und andere dafür begeistern.

Hier möchte ich ansetzen und den jungen Imkern zeigen, wie viel Spaß die Bienenhaltung machen kann. Diese Seiten sollen Interessierte dazu anregen, Imker zu werden. Sie sollen dem Anfänger aber auch dabei helfen, sich zu orientieren. Was benötige ich an Ausrüstung für die Imkerei? Was muss ich wann tun? Welches sind die Aufgaben eines Imkers? Solche Fragen und mehr sollen an dieser Stelle beantwortet werden.

Damit sich auch Anfänger schnell zurechtfinden, habe ich viel Wert darauf gelegt Fachbegriffe im Bienenlexikon zu erklären und die Fragen in einem 111 Fragen umfassenden Katalog zu beantworten.

Genau diese vielen Fachbegriffe haben mir am Anfang mächtig Probleme bereitet. Einige von diesen unaussprechlichen Begriffen kann ich mir bis heute nicht merken und so dient diese Liste auch meiner eigenen Hilfe.

Viele Bücher beschreiben zwar die Tätigkeiten, verwendeten dann aber zig Begriffe, mit denen ich nichts anfangen konnte. Da waren Experten am Werke, die sich leider nicht immer in einen Anfänger hineindenken konnten. So habe ich mich entschlossen gerade als Anfänger dieses Buch zu schreiben. Wie heißt es so schön, der beste Ausbilder eines Lehrlings ist der Lehrling. Mehrfach praktiziert und bewiesen.

Schnuppern Sie doch einmal herein in die Imkerei – auf diesen Seiten finden Sie viele Informationen rund um die Biene, den Honig und die Bienenhaltung. Habe ich Ihr Interesse geweckt? Das freut mich. Dann lesen Sie am besten gleich weiter.

Aller Anfang ist schwer: Der Start als Hobbyimker

Bevor man sein neues Hobby als Imker beginnt, sollte man zuerst einmal für sich persönlich einige Fragen beantworten. Die persönliche Eignung für dieses Hobby oder diesen Beruf ist eine Voraussetzung für den Erfolg.

Ein Imker sollte nicht nur die Natur lieben und ausreichend Zeit für sein Hobby mitbringen, er muss auch in der Lage sein, die entsprechenden Investitionen dafür aufzubringen.

Ein wichtiger Punkt ist auch die Gesundheit. Wer an einer Bienengiftallergie leidet, eignet sich nicht zum Imker. Vor der Entscheidung für die Imkerei sollte daher der Arztbesuch stehen.

Natürlich sollten Imker auch standorttreu sein - mit Bienen kann man nicht umziehen. Aber genug der Bedenken und Einwände. Viel mehr Argumente sprechen für das schöne Hobby Imkern!

Lassen Sie sich von uns in die Welt der Bienen entführen. Lernen Sie das Staunen angesichts des wohl organisierten Bienenstaates. Üben Sie sich darin, die Kommunikation der Bienen untereinander zu verstehen und die Signale zu deuten. Ich verspreche Ihnen, schon bald lässt Sie Ihr neues Hobby nicht mehr los.

Vor dem Start aber steht die Ausrüstung. Was brauche ich, wenn ich Hobbyimker werden möchte? Beginnen wir daher in Kapitel 1 damit, was der Imker für seine Arbeit benötigt. Hier werden alle Dinge im Überblick vorgestellt. Die weiteren Kapitel vertiefen einzelne Themen dann im Folgenden. Hier finden sich detaillierte Beschreibungen zur Anatomie der Biene, zu den Bienenprodukten, zu den Bienenunterkünften, den Beuten und zu den jeweiligen Aufgaben des Imkers wie die Bekämpfung von Bienenkrankheiten. Anschließend betrachten wir die Arbeiten des Imkers im Jahreszyklus.

Sind Begriffe unklar, empfiehlt es sich, diese im Bienenlexikon nachzuschlagen. Hier sind die wichtigsten Fachbegriffe des Imkerns erklärt.
Der Imker benötigt Kleidung, Werkzeug und Geräte, eine Unterkunft für die Bienen und für den Anfang etwa drei Bienenvölker.

Die Kleidung des Imkers

Hut, Hemd, Hose und Handschuhe

Es empfiehlt sich, für die Arbeit bei den Bienen eine spezielle Imkerkleidung zu tragen. Die Imkerbekleidung sollte aus einer langen, hellen Hose bestehen, aus festen Schuhen und einem Hemd. Zum Gesichtsschutz wird ein Imkerhut mit Netz getragen.

Der Imkerhut mit dem Schleier ist sicher auch Laien ein Begriff. Die so genannte Haube ist nahtlos mit der Imkerbluse verbunden. Ein durchgehender Anzug mit eng anliegenden Bündchen hat den Vorteil, dass er den Bienen keine Möglichkeit bietet, an die Haut des Imkers zu gelangen. Ideal ist daher das Tragen einer speziellen Imkerbluse. Sie besteht aus einem Hemd mit angenähtem Imkerhut und Schleier. Vorne ist sie geschlossen. Sie bietet daher einen kompletten, nahtlosen Schutz. Wie ein Pullover wird sie über den Kopf gezogen. Gummibündchen sorgen für einen dichten Sitz. Der Imkerhut ist mit einem Reißverschluss an der Bluse befestigt. Er lässt sich zusammen mit dem Schleier zum Waschen abnehmen.

Der Schleier besteht in der Regel aus Gaze. Er bietet eine gute Sicht und eine gute Belüftung. Das Netz reicht bis zur Brust und hat eine Abdichtung aus Gummi, die verhindert, dass der Schleier beim Arbeiten hoch rutscht. Damit der Schleier nicht zu dicht am Gesicht sitzt, hat er Metallreifen, also Distanzringe, die für den nötigen Abstand sorgen.

So bekleidet kann der Imker auch in der Nähe aggressiver Bienen ungestört arbeiten.

In Ergänzung dazu schützen Stulpenhandschuhe aus Leder oder Kunststoff die Hände des Imkers, wenn er das Bienenhaus betritt. Zur Arbeit jedoch legen viele Imker diese Handschuhe ab. Sie bemängeln, dass man in ihnen kein Gefühl hat. Andere wiederum wollen nicht auf sie verzichten. Aber das muss jeder Imker für sich selbst entscheiden. Probieren Sie es einfach aus.

An ganz ruhigen Tagen (das Wetter muss schön sein und auf keinen Fall ein Gewitter in Anmarsch) und wenn man selber ganz ruhig ist, kann man auf den kompletten Schutz verzichten. Das macht das Arbeiten etwas einfacher. Man sollte aber schon ein wenig Erfahrung haben und auf jeden Fall schnelle Bewegungen vermeiden.

Wie der Imker vermeidet, dass die Bienen ihn stechen

Dathepfeife und Smoker oder doch besser Nelkenöl?

Zur Bekleidung des Imkers gehörte lange Zeit auch die Imkerpfeife oder Dathepfeife. Heute wird sie zumeist durch den Smoker ersetzt. Sein Rauch mindert die Stechbereitschaft der Bienen und lenkt sie ab, so dass der Imker ungestört arbeiten kann. Manche Imker verwenden auch Nelkenöl. Mein Imkervater und ich arbeiten außen nur mit Nelkenöl. Im Bienenwagen ist allerdings der Smoker nicht zu vermeiden.

Der Smoker

Der Smoker hat die traditionelle Imkerpfeife fast nahezu abgelöst. Anders als allgemein behauptet dient er aber nicht vorrangig zur Beruhigung der Bienen, sondern führt vielmehr dazu, dass die Bienen weniger aggressiv werden. Grund dafür ist die Veränderung ihres Verhaltens bei Rauch.

Bienen haben nur einen Wehrstachel, um sich zu verteidigen. Im Falle eines Brandes sind sie wehrlos. Spüren sie Rauch, flüchten sich die Bienen daher schnell in die Honigwaben und füllen ihren Magen, um etwaige Notzeiten überstehen zu können. Sie sind also abgelenkt. Dieses nutzt der Imker für seine Arbeit aus. Nun kann er nahezu ungestört seine Kontrolle machen oder den Honig ernten.

Am besten geeignet sind Rauchgeräte, die mit einem Blasebalg arbeiten. Sie lassen sich gezielt einsetzen. Für die Rauchentwicklung werden neben Holz auch getrockneter Apfeltrester oder Nussschalen und Orangenschalen verwendet.

Nelkenöl

Mittlerweile benutzen immer mehr Imker auch Nelkenöl, wenn sie bei den Bienen arbeiten. Vielen ist Nelkenöl als Abwehrmittel gegen Insekten ein Begriff. Es lässt sich aber auch hervorragend in der Imkerei einsetzen. Dazu beträufelt man ein weiches Tuch mit ein paar Tropfen Öl und legt es dann für zwei, drei Tage in ein verschließbares Glas. In dieser Zeit kann sich das Aroma gut verteilen und entfalten. Danach entnimmt der Imker das Nelkenöltuch und legt es auf den Kastendeckel.

Beim Öffnen der Beute hält der Imker das Tuch kurz an die Öffnung des Bienenstocks. Schon nach ein paar Sekunden ziehen sich die Bienen in das Innere des Stocks zurück. Trocknet das Nelkenöltuch ab, kann man es mit ein paar Spritzern Wasser erneut auffrischen. Mit der Zeit verflüchtigt sich allerdings das Öl und das Tuch verliert an Wirksamkeit. Dann kann man es auf die gleiche Weise wie zu Beginn neu behandeln.

Während der trachtlosen Zeiten sind die Bienen oft angriffslustiger. Manche Imker benutzen jetzt deshalb zwei Nelkenöltücher gleichzeitig, wenn sie eine Wabe entnehmen.

Nelkenöl ist übrigens frei verkäuflich und in allen Apotheken zu bekommen. Händler für Imkereibedarf führen das Öl in der Regel auch. Nelkenöl duftet sehr stark und haftet leider auch nur allzu gut an den Händen des Imkers. Mein Tipp: Eine gängige Handwaschpaste beseitigt den Geruch am besten.

Werkzeuge und Geräte

Der Imker benötigt einiges an Geräten für seine Arbeit. Dazu gehören Abkehrbesen, Stockmeißel und Wabenzange. Er braucht unbedingt einen Smoker oder ein Rauchgerät und gegebenenfalls weiteres Werkzeug, will er Rähmchen selbst bauen und reparieren. Zur Ausrüstung eines gewissenhaften Imkers gehören auch Stockkarten, auf denen der Zustand des Volkes regelmäßig notiert wird. Daneben benötigt der Imker eine Schleuder, um den Honig aus den Waben zu schleudern.

Abkehrbesen oder Feder

Ein wichtiges Werkzeug des Imkers ist der Abkehrbesen, der einem Handfeger ähnlich sieht. Er hat sehr weiche Borsten und wird dazu verwendet die Bienen vorsichtig von den Waben zu fegen.

Der Stockmeißel

Sozusagen das Multitool eines Imkers ist sein Stockmeißel. Der Stockmeißel unterscheidet sich von einem normalen Meißel. Er ist an beiden Seiten scharf geschliffen und hat an einer Seite eine scharfe Kante.

Er ist das Universalinstrument eines jeden Bienenhalters. Mit dem Stockmeißel lassen sich Zargen voneinander trennen, Wachs und Propolis abschaben und Waben entnehmen.

Die Wabenzange

Da der Abstand zwischen den einzelnen Waben so gering ist, dass man nicht mit einem Finger hineingreifen kann, verwendet der Imker eine spezielle Wabenzange. Mit dieser Wabenzange klemmt der Imker die Wabe ein und kann sie dann ganz einfach hochziehen.

Stockkarten

Für jedes seiner Völker erstellt der Imker eine eigene Stockkarte. Hier notiert er neben Anzahl und Zustand der Bienen auch seine Arbeiten. Dafür verwendet er bestimmte Abkürzungen. BR steht zum Beispiel für Brutraum, HR für den Honigraum, mit H und F werden Honig und Futter bezeichnet. Der Imker schreibt auf, ob und wie viele Weiselzellen vorhanden sind und ob diese bestiftet sind, eine Made enthalten oder bereits verdeckelt wurden. Außerdem macht er auf der Stockkarte Angaben zur Zusammensetzung des Gemülls.

Die Honigschleuder

Das wichtigste Gerät des Imkers aber ist die Honigschleuder. Sie schleudert den Honig aus den Waben. Es gibt mechanische Schleudern, die mit einer Kurbel bedient werden. Elektrische Schleudern wie Tangentialschleudern oder Radialschleudern setzen sich aber zunehmend durch. Man kann als Jungimker aber ruhig erst einmal mit einer mechanischen Honigschleuder beginnen. Wenn man ein Modell zum Nachrüsten wählt, hat man alle Optionen. Diese mechanischen Schleudern lassen sich nämlich auch später noch mit einem Motor ausstatten.

Die Tangentialschleuder gilt als besonders schonend. Bei ihr wird der Honig erst auf der einen Seite, dann auf der anderen Seite der Wabe herausgeschleudert. Manche unter ihnen übernehmen dabei automatisch das Wenden der Wabe. Bei anderen muss der Imker dies tun. Von Hobbyimkern werden die Tangentialschleudern geschätzt, weil sie nicht so kostspielig in der Anschaffung sind wie Radialschleudern.

Je mehr die Imkerei vom Hobby zum Beruf wird, umso häufiger trifft man Radialschleudern bei der Honigproduktion an.

Hierbei werden die Waben speichenförmig in die Schleuder eingesetzt. Da die Radialschleudern eine höhere Leistung haben als Tangentialschleudern, ist die Honiggewinnung weniger schonend. Es kommt auch manchmal vor, dass die Waben beim Schleudern brechen. Aus diesem Grund sind die radialen Schleudern nicht bei allen Imkern beliebt.

Weitere Werkzeuge und Geräte

Darüber hinaus gibt es unzählige Werkzeuge für die Imkerei. Nicht alle benötigt der junge Imker gleich zu Beginn.

Der Imkereifachhandel bietet eine große Auswahl an allem, was der Imker für seine Arbeit benötigt. Dazu gehört auch das komplette Zubehör, das man braucht, will man Beuten oder Teile davon selbst bauen. So zum Beispiel Rähmchen, Mittelwände, Abroller für Rähmchendraht, Drahtspanner, spezielle Zangen, Wabenzie-

her und Lötgeräte sowie Absperrgitter und vieles mehr. Wer die Unterkunft für seine Bienen nicht fertig kaufen möchte, kann die Rähmchen selber bauen. Der Selbstbau ist natürlich am günstigsten. Dazu benötigt man dann allerdings einen Hammer, einen kleinen Seitenschneider sowie Draht und Holzleim und eine Anleitung zum Rahmenbau.

Dennoch empfiehlt es sich für den Anfänger, zu Beginn mit Fertigrähmchen zu arbeiten, damit er möglichst schnell mit der Bienenhaltung beginnen kann. Für den Anfang kauft man sich daher am besten im Imkereihandel verdrahtete Rähmchen und ebenfalls fertige Mittelwände. Viele Bio-Imker gießen die Mittelwände allerdings meist selbst, um sicher zu gehen, dass das verwendete Bienenwachs von bester Qualität ist. Sie entnehmen es daher ausschließlich aus dem eigenen Wachskreislauf. Will man sich die Mühe sparen, sollte man beim Kauf von Mittelwänden auf eine entsprechende Herkunftsbescheinigung des Bienenwachses bestehen, die nachweist, dass das Bienenwachs seuchenfrei ist.

Damit die Mittelwände aus Wachs beim Honigschleudern nicht brechen, werden sie in Rähmchen eingesetzt. Wie das geht? Die Mittelwände werden auf die mit Draht bespannten Rähmchen gelötet, also befestigt. Dazu legt der Imker die Mittelwände auf die Rähmchen auf. Der Draht ist quasi das Verbindungsglied zwischen Mittelwand und Rahmen. Mit einem Lötgerät werden nun oben und unten Kontakte hergestellt. Dabei erwärmt sich der Draht und die Mittelwände schmelzen ein. Doch aufgepasst: Wird der Draht zu heiß, schmilzt die Mittelwand durch. Der Kontakt sollte also nur sehr kurz stattfinden.

Eine Alternative sind Kunststoff-Mittelwände. Wer fertige Kunststoffwaben verwendet, muss diese vor dem Einbau allerdings noch in Bienenwachs tauchen oder nach dem Einbau mit Wachs besprühen. Sonst werden sie von den Bienen nicht angenommen. Die Kunststoff-Mittelwände müssen nicht in Rähmchen gelötet werden. Sie werden in Holzrahmen eingesetzt, die mit passenden Nuten versehen sind. Die Mittelwände müssen dazu nur leicht gebogen und dann eingesetzt werden.

Nicht nur für den Anfänger, auch für den erfahrenen Imker lohnt es sich jedoch, bei all diesen Arbeiten einen Imkerkollegen hinzuziehen, der mit Rat und Tat zur Seite steht. Er weiß, worauf es beim Bau ankommt und kann mit wertvollen Tipps helfen.

So lassen sich typische Anfängerfehler vermeiden und der junge Imker kann zudem viel Zeit sparen.

Zu den nützlichen Werkzeugen und Geräten für die Imkerei gehören neben den bereits erwähnten auch solche, die bei der Honigverarbeitung zum Einsatz kommen. Dazu zählen Entdeckelungsgeräte wie Entdecke-lungsgabel und Entdeckelungsge-schirr, der Wabenbock zum Transport der Waben sowie diverse Siebe und Behälter.

Mit dem Entdeckelungsbesteck entfernt der Imker die Deckel von den Bienenwaben, bevor er sie schleudert. Die Entdeckelungsgabel ist geformt wie eine normale Gabel, sie hat jedoch mehr Zinken. Ihr Griff ist in der Regel aus Kunststoff oder Holz, die Zinken aus Metall. Diese sind besonders dünn, damit der Imker gut unter die Deckel kommt und diese leicht abheben kann.

Während dieser Arbeit lagert der Imker seine Waben in der Regel auf einem so genannten Wabenbock. Als solcher wird eine Vorrichtung

bezeichnet, auf der man die Waben ablegen kann. Häufig handelt es sich beim Wabenbock aber auch um einen einfachen, vom Imker selbst gebauten Kasten, in dem mehrere Waben Platz finden. Besonders praktisch jedoch sind Wabenböcke mit unterschiedlichen Fächern. In den verschiedenen Etagen kann der Imker auch Mittel-

wände, Rahmen und Werkzeug bereitlegen. Auf dem Wabenbock kann der Imker also nicht nur Waben entdeckeln und zwischenlagern, sondern auch Ableger zusammenstellen oder Brutwaben entnehmen.

Mit einem fahrbaren Wabenbock transportiert der Imker die Waben dann zum Schleuderraum. Wer mit Oberbehandlungsbeuten arbeitet, benötigt keinen Wabenbock. Der Anfänger kann sich die Investition in einen Wabenbock ebenfalls sparen. Er kann die Waben entnehmen und direkt in den Schleuderraum tragen.

Was benötigt der junge Imker noch? Für das Schleudern und Abfüllen des Honigs sind spezielle Honigsiebe besonders geeignet. Im Gegensatz zu normalen Haushaltssieben gibt es sie in unterschiedlichen Maschendichten und wesentlich größeren Größen. Honigsiebe verfügen auch über einen verstellbaren Auflagebügel, mit dem das Sieb fest in einen passenden Abfülltopf eingehängt werden kann.

Die Unterkunft für die Bienen

Hat der Imker Kleidung und Geräte zusammen, muss er sich um einen Standort und eine Unterkunft für sein künftiges Bienenvolk kümmern. Wer die Unterkunft für seine Bienen nicht fertig kaufen möchte, kann die Rähmchen auch selber bauen. Dazu benötigt er dann allerdings einen Hammer, einen kleinen Seitenschneider sowie Draht und Holzleim. Egal, für welches System man sich entscheidet, wichtig ist, dass man nur ein einziges Waben- oder Beutesystem verwendet. So lassen sich die Rähmchen untereinander austauschen und Leerwaben beliebig verwenden. Auf diese Weise lassen sich später auch leichter Ableger, also neue Völker, bilden.

Das Bienenhaus

Die Bienenstöcke oder Beuten sollten geschützt aufgestellt werden. Dazu eignet sich besonders gut ein spezielles Bienenhaus. Hier kann der Imker auch einen getrennten Raum für Werkzeug und Gerät einrichten, in dem er die Honigschleuder und das Zubehör, aber auch Stockkarten, Behandlungsmittel und was er sonst noch so benötigt, unterbringt. Wer ein Bienenhaus auf seinem Grundstück bauen möchte, benötigt dazu allerdings eine Baugenehmigung.

Natürlich kann man die Beuten auch im Freien aufstellen. Dann müssen Holzbeuten allerdings mit wetterfester Farbe behandelt oder imprägniert werden. Leinölfirnis hilft gegen Holzfäule und Schädlinge. Zusätzlich sollte man die Beuten im Freien auch abdecken, damit sie gegen Regen, aber auch gegen zu starke Sonneneinstrahlung geschützt sind. Dabei sollte darauf geachtet werden, dass die Beute gut belüftet wird. Sonst bildet sich Kondenswasser. Auch von unten müssen die Beuten gegen Wasser und Eindringlinge geschützt werden. Man stellt sie daher am besten etwas höher auf. Dazu können einfach zwei Holzbalken auf Steine aufgebahrt werden. Die Steine dienen dazu, dass das Holz keinen direkten Bodenkontakt hat. Auf diese Holzbalken stellt man dann einfach die Beuten.

Die Unterkünfte der Bienen: die Beuten

Bei den Beuten unterscheidet man regional sehr unterschiedliche Typen. Grundsätzlich werden Beuten nach ihrer Funktionalität unterschieden. Es gibt Hinterbehandlungs- und Oberbehandlungsbeuten. Sie werden vom Imker je nachdem von hinten oder von oben geöffnet.

Daneben existiert eine Unterscheidung nach dem verwendeten Material. Am bekanntesten ist sicherlich die Strohbeute, der Bienenkorb. Sie trifft man auch heute noch bei den Heideimkern an. Schon die alten Germanen verwendeten einen Strohkorb als Bienenbehausung. Er wird aus Roggenstroh und Ruten geflochten. Seine typische Form ist glockenförmig. Der Bienenkorb ist unten offen und hat keine Rähmchen.

Daneben gibt es Holzbeuten, Lagerbeuten, so genannte Klotzbeuten und die in Europa nicht verbreiteten Tonröhren.

Mehr über die einzelnen Beutetypen und die geeignete Standortwahl erfahren Sie in Kapitel 4 „DIE BIENEN-BEHAUSUNG".

Die Bienen

Der junge Imker beginnt mit der Bienenhaltung. Nur wenige, erfahrene Imker widmen sich auch der Bienenzucht. In Deutschland gibt es etwa 85.000 Imker. Im Schnitt hält jeder von ihnen neun Bienenvölker. Nur ein Prozent dieser Imker arbeitet hauptberuflich als Imker, die anderen im Nebenberuf oder als Hobby.

Beginnen sollte der Jungimker erst einmal mit der Haltung von etwa drei bis maximal sechs Bienenvölkern.

Bei der Auswahl des Bienenvolkes gibt es einiges zu beachten: Welche Rasse ist für den Standort geeignet? Wie groß müssen die Waben sein und welche Beuten sind geeignet? Woran erkenne ich, ob das Volk gesund ist? Und nicht zuletzt: Wo bekomme ich die Bienen her?

Alle diese Fragen möchte ich hier beantworten.

Zum Thema Bienen, Bienenrassen, den Bienenstaat und die verschiedenen Bienenwesen lesen Sie bitte weiter in Kapitel 2 „DIE BIENE".

Doch ein Schritt nach dem anderen. Zuvor möchte ich noch an etwas erinnern, was der neue Imker zu Beginn vor allem benötigt: erfahrene Ratgeber und Kollegen.

Imkerkollegen

Was oft nicht erwähnt wird, aber gerade zu Beginn sehr nützlich ist, ist die Mitgliedschaft im örtlichen Imkerverein. Der Austausch mit Kollegen ist nicht nur am Anfang hilfreich. Viele Fragen lassen sich im Gespräch mit erfahrenen Imkern ganz schnell beantworten.

Bei manchen Imkervereinen kann man auch als Probeimker anfangen und das benötigte Material erst einmal ausleihen. Hat man sich dann für sein neues Hobby entschieden, wird dem Jungimker ein erfahrener Imker, ein Pate, zur Seite gestellt, der ihn berät und unterstützt.

Außerdem kann man in vielen Imkervereinen oder Landesverbänden auch Fortbildungen und Schulungen besuchen. Kurz und gut: Hier ist man als neuer Kollege hervorragend aufgehoben.

So. Jetzt wissen Sie bereits, was Sie als neuer Imker an Ausstattung und Geräten sowie an Kleidung benötigen. Bald kann es losgehen. Zunächst aber sollten Sie wissen, was das Insekt Honigbiene so besonders macht. Die Biene und ihre Produkte stehen deshalb in Kapitel 2 „DIE BIENE" und Kapitel 3 „DIE PRODUKTE DER BIENEN" im Mittelpunkt. Dann müssen wir uns noch näher mit den geeigneten Unterkünften für die Bienen befassen. Das geschieht in Kapitel 4 „DIE BIENEN-BEHAUSUNG". Je mehr Sie wissen, um so erfolgreicher können Sie arbeiten und umso mehr Spaß macht die Imkerei.

Also: Worauf warten Sie noch? Los geht's.

Für seine Tätigkeit benötigt der Imker neben der geeigneten Ausrüstung zuallererst einmal ein Bienenvolk. Nach welchen Kriterien aber wählt er dieses aus? Welche Rassen kommen infrage? Welche Bienen eignen sich für den ausgesuchten Standort? Welche bringen den meisten Ertrag, welche sind besonders robust? Welche sanftmütig?

Diese und andere Fragen zu seinem neuen Hobby beschäftigen den jungen Imker vor dem eigentlichen Start. Sehr hilfreich ist es daher, den Rat erfahrener Imkerkollegen einzuholen. Sie wissen am besten, welche Bienenrassen in ihrer Region besonders geeignet sind.

Erkundigen Sie sich doch einfach bei Ihrem Imkerverein vor Ort. Er steht gerne beratend zur Seite. Voraussetzung ist jedoch, dass sich der junge Imkerkollege selbst erst einmal mit dem Thema Bienen und Imkerei befasst. Je mehr er über das Lebewesen Biene weiß, umso leichter kann er die Fragen selber beantworten. Beginnen wir hier deshalb mit der Biologie der Biene.

Einordnung

Bienen zählen zu den Hautflüglern, den Hymenoptera, unter den Insekten.

Die Gattung der Honigbienen umfasst unter anderem die in Deutschland heimische Westliche Honigbiene Apis mellifera, auch bezeichnet als Europäische Honigbiene.

Auch wenn die Westliche Honigbiene ursprünglich aus Europa stammt, so ist sie doch mittlerweile auf allen Kontinenten der Erde vertreten. Wie kommt das? Nun, die Europäische Honigbiene spielt in der Imkerei eine herausragende Rolle. Deshalb arbeiten Imker auf der ganzen Welt mit ihr.

Rassen

Jede Bienenart wiederum unterteilt sich in verschiedene Rassen. So unterscheidet man bei den Honigbienen vier große, natürlich entstandene Rassen sowie eine Nebenrasse.

Die dunklen Honigbienen aus Nord- und Westeuropa bilden dabei die Hauptgruppe der deutschen Honigbienen. Daneben kennen wir noch die Kärntner Biene, auch Carnica-Gruppe genannt, die afrikanischen und die vorderorientalischen Bienen. Eine weitere, unbedeutendere Unterart kommt in Mittelasien vor.

Die Dunkle Europäische Biene

Apis mellifera mellifera ist eine natürlich entstandene Rasse der Westlichen Honigbiene. Sie ist eine besonders winterresistente Unterart, die sehr sparsam wirtschaftet und sich nicht zu stark vermehrt. Deshalb ist sie bei Imkern auf der ganzen Welt besonders beliebt.

Eine spezielle Züchtung, die dunkel gefärbte Honigbiene vom Stamm Nigra, kommt nur in höheren Regionen vor. Sie ist die einzige Westliche Honigbiene, die problemlos kalte Winter übersteht. Man findet sie auch in den Alpenregionen Deutschlands, Österreichs und der Schweiz.

Eine Unterart der Europäischen Honigbiene ist die Iberische Biene Apis mellifera iberica. Sie ähnelt ihrer nordeuropäischen Schwester sehr und zeichnet sich durch große Sanftmut aus. Am weitesten verbreitet ist sie in Spanien und Portugal. Man trifft sie auch in Nordafrika an.

Die Carnica Biene

Die Kärntner Biene Apis mellifera carnica ist ebenfalls eine natürlich entstandene Rasse der Honigbiene. Sie stammt aus den südlichen Regionen der Alpen, ist aber aufgrund ihrer starken Anzahl mittlerweile in ganz Europa heimisch. Sie verträgt sowohl heiße als auch kalte Sommer. Bei Imkern ist sie wegen ihres großen Honigertrags besonders beliebt.

Feuchtes Klima verträgt sie allerdings weniger gut. In den skandinavischen Ländern, in England und an den Küstenregionen Frankreichs kommt sie deshalb nicht vor. Die Carnica-Gruppe unter den Bienen hat einen Mangel: Sie schwärmt sehr gerne. Zu den Carnica-Bienen gehört auch die italienische Biene.

Apis mellifera ligustica, die italienische Honigbiene, ist gelber als die dunklere Art der Europäischen Biene. Für viele überraschend: Weltweit ist sie die am häufigsten von Imkern als Honigbiene gehaltene Rasse. Italienische Bienen sind extrem fleißig und sammelfreudig, sie sind sanftmütig und eignen sich ideal für die Produktion von Blütenhonig. Selbst in Alaska und Skandinavien weiß man ihre positiven Eigenschaften zu schätzen. In Deutschland allerdings ist sie weitgehend unbekannt.

Die Buckfast Biene

Neben den natürlich entstandenen Rassen, gibt es auch noch Rassen, die gezüchtet wurden. So wurde die Buckfast Biene von Bruder Adam am Anfang des 20. Jahrhunderts gezüchtet. Dazu kreuzte er lederbraune italienische Bienen mit Drohnen der einheimischen dunklen Biene. Das Ergebnis ist eine friedliche, schwarmträge Bienenrasse, die bei Verwendung moderner Beuten (Magazin-Beute im Dadant- oder Langstroth-Maß bei paarweiser Anordnung) überdurchschnittliche Erträge bringt. Das erfolgreiche Imkern mit der Buckfastbiene ist jedoch nicht an diese speziellen Beutenarten gebunden, wie deren Haltung in der heute weit verbreiteten Zanderbeute beweist.

Trotzdem sind nicht alle Imker sehr glücklich über die Züchtung und daher nicht ganz unumstritten. Eigentlich werden natürliche Bienenrassen ausschließlich durch Reinzucht ge-

züchtet. Das heißt, dass Drohne und Königin aus der gleichen Bienenrasse kommen jedoch gezielt nach bestimmten Merkmalen und Eigenschaften verpaart werden. Unter Anfänger ist die Buckfastbiene sehr beliebt, da diese sehr sanftmütig ist und nicht so schnell sticht.

Weitere Rassen der Honigbiene

Zu den Westlichen Honigbienen zählen aber auch die verschiedenen Rassen des Vorderen Orients und des tropischen Afrikas. Die Kaukasische, die Armenische, die Persische und die Anatolische, Syrische, Zypriotische und Kretische Biene sind ebenso Rassen der Westlichen Honigbiene wie auch die Ostafrikanische, die Ägyptische, Arabische, die Ost- und die Westafrikanische Biene, die Kap-Biene und die Madagaskarbiene. Daneben gibt es eine kleine Unterart in Mittelasien, Apis mellifera pomonella.

Wie aber leben diese Bienen? Wie funktioniert der Bienenstaat? Wer das genau wissen möchte, liest am besten gleich weiter.

Der Bienenstaat

Die meisten von uns haben es bereits in der Schule gelernt: Der Bienenstaat gehört zu den komplexesten Sozialsystemen im ganzen Tierreich. In Arbeitsteilung übernehmen die Bienen höchst unterschiedliche Aufgaben und tragen damit zur Existenz ihres Volkes aktiv bei.

Die drei Bienenwesen und ihre Aufgaben

Man unterscheidet drei so genannte Bienenwesen: die Arbeitsbiene, den Drohn und die Bienenkönigin.

Die weibliche Biene: die Arbeiterin

Der größte Teil eines Bienenvolkes besteht aus weiblichen Bienen, den Arbeiterinnen. Im Sommer können bis zu 70.000 Arbeiterinnen in einem Volk leben, im Winter sind es etwa 15.000. Je nach Alter sind sie für die Reinigung und Reparatur des Bienenstocks zuständig. Sie versorgen die Brut und arbeiten später als Sammelbienen, die Nektar, Pollen und Honigtau in den Stock bringen. Sie sorgen auch dafür, dass die Bienen im Stock über ausreichend Wasser verfügen. Solange eine Königin im Bienenvolk ist, sind die Arbeitsbienen nicht geschlechtsreif. Ein Pheromon, das die Königin aussendet, verhindert die Entwicklung ihrer Eierstöcke.

Die Sommerbienen unter den Arbeitsbienen haben nur eine Lebensdauer von maximal zwei Monaten, in der Regel erreichen sie sogar nur ein Lebensalter von etwa 30 Tagen.

Die Arbeitsbienen, die im Herbst geboren werden, werden dagegen deutlich älter. Sie leben bis zum Frühjahr des nächsten Jahres. Durchschnittlich werden sie sechs Monate alt. Woher kommt das und warum ist das so? Im Winter ist keine Brut im Stock. Die Arbeitsbienen müssen dennoch wichtige Arbeiten verrichten und werden gebraucht. Im Frühling sind sie dann dafür verantwortlich, die erste, junge Brut zu versorgen. Das ist eine wichtige Aufgabe, die das Fortbestehen des Volkes absichert. Dafür werden erfahrene Bienen benötigt.

Der Lebenszyklus einer Arbeitsbiene

sieht demnach wie folgt aus: In den ersten Tagen putzt und wärmt sie die Brut, dann wird sie für die Fütterung der Altmaden und Jungmaden eingesetzt. Nun ist sie bereits knapp zwei Wochen alt. Kurz darauf darf sie bereits den Nektar der Sammelbienen entgegennehmen, Pollen stampfen, Zellen bauen und die neu entwickelten Flügel testen. Ihre Giftblase ist nun fast gefüllt. Daher wird sie vom 17. bis 19. Lebenstag als Wächterin arbeiten und danach als Sammelbiene für die Versorgung des Volkes zuständig sein. Diese Aufgabe übernimmt sie bis zu ihrem Tod.

Kurz zusammengefasst ist die Arbeitsbiene von

Tag 1 bis 4
eine Putzbiene

Tag 5 bis 11
eine Amme die sich um den Nachwuchs kümmert

Tag 11 bis 13
eine Lagerbiene

Tag 14 bis 17
eine Baubiene

Tag 18 bis 21
eine Wach- oder Wehrbiene

ab Tag 22
eine Tracht- oder Sammelbiene.

Die männliche Biene: der Drohn

Die Drohnen sind die einzigen männlichen Bienen im Bienenstock. Ein Bienenvolk von etwa 30.000 bis 40.000 Bienen verfügt im Sommer über 500 bis 1.000 Drohnen. Sie haben die Aufgabe die Königin zu begatten. Sind sie geschlechtsreif, fliegen sie aus und sammeln sich auf Drohnensammelplätzen, die von den jungen Königinnen aufgesucht werden. Dort findet die Begattung statt. Danach werden sie vertrieben, sie verhungern und sterben.

Während ihres kurzen Lebens sind die Drohnen vollständig auf das Wohlwollen der Arbeiterinnen angewiesen. Da sie keinen Stachel und nur einen kurzen Rüssel besitzen, können sie sich nicht selbst ernähren. Wird ihnen der soziale Futteraustausch (die Trophallaxis) verwehrt, sterben sie.

Die Königin

Die einzige geschlechtsreife Biene im Bienenstock ist die Königin, auch Weisel genannt. Sie hat die Aufgabe, das Volk durch ihre Eiablage zu erhalten. Eine neue Bienenkönigin wächst heran, wenn die Schwarmzeit im Sommer naht, wenn sich das Bienenvolk also durch Teilung vermehren will. Sie wird aber auch herangezogen, wenn die alte Königin stirbt oder aus Altersgründen eine Nachfolgerin benötigt wird. Letzteres wird auch als Nachschaffung bezeichnet.

Aus den Larven bilden sich Königinnen, wenn sie ausschließlich mit dem Königin-Futtersaft, dem Gelée Royale, ernährt werden. Alle Larven bekommen diese Nahrung für drei Tage. Danach unterscheiden die Ammenbienen, ob aus der Larve eine Arbeitsbiene oder eine Königin

werden soll und ernähren sie dementsprechend unterschiedlich. Sollen die Larven sich zur Bienenkönigin entwickeln, kommen sie in spezielle Weiselzellen. Manchmal werden aber auch die normalen Brutzellen einfach umgebaut beziehungsweise erweitert. Dazu werden folgende Maßnahmen vorgenommen:

Entweder werden die Eier, die zur Königin herangezogen werden sollen, direkt in spezielle Weiselzellen abgelegt oder es werden durch Umbau neue Nachschaffungszellen auf den Brutzellen geschaffen. Weiselzellen sind größer als andere Brutzellen. Sie befinden sich zudem oft am Rand. An andere Brutzellen angesetzte Nachschaffungszellen werden oberhalb oder unterhalb der Wabe angebracht.

Ist die neue Königin schlüpfreif, verlässt die alte Bienenkönigin mit einem Teil des Volkes, dem Schwarm, den Stock und sucht eine neue Behausung. Die junge Bienenkönigin fliegt im Alter von ein bis zwei Wochen zur Paarung zu den Drohnensammelplätzen aus. Dabei wird sie von bis zu 20 Drohnen begattet. Die Samen hebt sie in einer speziellen Samenblase auf. Sie reichen für ihre gesamte Lebens-

dauer aus. Im hohen Alter von über vier Jahren legt die Königin dann vermehrt unbefruchtete Eier ab, aus denen sich die Drohnen entwickeln. Dies ist ein Zeichen für das Volk, eine neue Königin heranzuziehen.

Der Bienenstaat funktioniert nur dann reibungslos, ist eine gesunde Königin vorhanden. Hat das Volk keine Königin oder ist die Königin krank und stirbt, wird das Bienenvolk unruhig und vernachlässigt seine Aufgaben. Es wird weniger Honig gesammelt und auch weniger Brut hochgezogen. Spätestens jetzt ist es Zeit für den Imker einzugreifen. Schnellstmöglich muss er dafür sorgen, dass das Volk wieder eine neue Königin bekommt. Die Königin hält das Volk zusammen. Ihre Pheromone sind sozusagen das Erkennungszeichen des Volkes und des Stocks. Sie verhindern auch, dass Konkurrentinnen geschlechtsreif werden. Harmonie, Ruhe und Gesundheit eines Bienenvolkes sind daher unwiderruflich mit der Anwesenheit einer Königin verknüpft.

Die Bedeutung der Biene

Fragt man nach der Bedeutung der Bienen für unsere Gesellschaft, so bekommt man zur Antwort, sie seien wichtige Honiglieferanten. Das ist richtig. Noch wichtiger jedoch ist die Biene für unsere Versorgung mit Obst und Nahrungsmitteln. Das jedoch ist den meisten nicht bekannt.

Die wichtigste Rolle kommt der Biene nämlich als Bestäuber in der Landwirtschaft zu. Hätten Sie das gewusst? Ein Drittel aller landwirtschaftlichen

Produktionen weltweit wären nicht möglich, würde es die Bestäubung nicht geben. Der reine Bestäubungswert eines einzelnen Bienenvolkes beträgt deshalb bereits circa 900 Euro im Jahr. In Deutschland beziffert man die durch die Bienenbestäubung erreichten Erträge in der Agrarwirtschaft schon auf über 2,5 Milliarden Euro, europaweit sollen es nach der EU Behörde über 22 Milliarden Euro sein.

Bienen werden dabei nicht nur zur Bestäubung von Obstblüten und Beeren eingesetzt. Sie bestäuben auch Wildpflanzen und sichern damit die Ernährung und den Fortbestand zahlreicher wildlebender Tiere.

Die Biene als wirtschaftlicher Faktor für die Bestäubung

Die professionelle Bestäubungsimkerei steckt in Deutschland anders als in anderen europäischen Ländern allerdings noch in den Kinderschuhen. Noch selten werden Imker gezielt zur Bestäubung eingesetzt und dafür auch entsprechend entlohnt. Immer noch sind viele Landwirte der Ansicht, sie täten dem Imker einen Gefallen, wenn sie ihn auf ihre Rapsfelder oder Obstplantagen lassen. Manche verlangen als Entschädigung sogar einen Teil der Honigernte.

Doch seit bestäubende Insekten wie Bienen und Hummeln auf dem Rückzug sind, beginnt die Landwirtschaft die wirtschaftliche Bedeutung dieser Bestäuber zu spüren. Die Erträge fallen niedriger aus. Immer mehr Studien belegen, dass die Biene längst zum wichtigen ökonomischen Faktor geworden ist. Es sind nicht nur die Biolandwirte und Naturliebhaber, die die Biene aus verklärten romantischen Gefühlen fördern. Mittlerweile ist es wissenschaftlich bewiesen: Selbst Pflanzen, die auch von Menschenhand bestäubt werden könnten, liefern geringere Erträge als wenn sie von Bienen bestäubt werden.

Ja, das stimmt: Verhungern müssen wir nicht ohne Bienen. Getreidesamen werden immer noch durch den Wind verbreitet. Aber Obst und Gemüse liefern ohne die Bestäubung durch die Bienen um bis zu ein Drittel niedrigere Erträge. Unsere Versorgung mit Vitaminen ist längst abhängig von Insekten, von Hummeln und Bienen. Diese jedoch werden von Jahr zu Jahr weiter dezimiert.

Ein Grund dafür ist die fortschreitende Intensivierung der landwirtschaftlichen Flächen, ein weiterer die eingesetzten chemischen Dünger und Schädlingsbekämpfungsmittel. Heute sind nur noch knapp 600.000 Bienenvölker in Deutschland vorhanden, das ist ein Viertel weniger als noch 1990. Zu diesem Zeitpunkt verzeichnete man noch 1 Million Bienenvölker.

Auch wenn die Berechnung sehr komplex ist: Wissenschaftler haben kalkuliert, dass der globale Umsatz der Obst- und Gemüsebauern in einem einzigen Jahr um 50 Milliarden Euro niedriger läge, gäbe es keine Bestäubung durch Insekten. Und da die Honigbiene neben der Hummel hier den Löwenanteil vertritt, lässt sich die Bedeutung der Biene als Wirtschaftsfaktor auch für den Laien ermessen. Nimmt man Raps, Sonnenblume, Kaffee, Kakao, Nüsse und Gewürze noch hinzu, betrüge der Verlust sogar fast das Dreifache: 153 Milliarden Euro haben die Experten ausgerechnet. Diese Summe macht fast 10 Prozent der gesamten landwirtschaftlichen Nahrungsmittelproduktion weltweit aus. Sie entspricht dem gesamten Umsatz eines Jahres in der deutschen Chemieindustrie.

Heute zählt die Honigbiene zu den wichtigsten Nutztieren überhaupt. Nach Rind, Schwein und Geflügel ist sie bereits jetzt das viertwichtigste Nutztier in Europa. Die Bedeutung des Bestäubungsimkers wächst zunehmend. Nicht nur im Obstbau, auch in der Massenproduktion von Raps und Sonnenblumenöl werden Bienen gezielt zur Bestäubung eingesetzt.

Die Universität Wien verzeichnete eine Ertragssteigerung um bis zu 50 Prozent bei einem Rapsfeld, das von Bienen bestäubt wurde. Auch Erbsen, Bohnen, Paprika und Tomaten sowie Wein und Kräuter sind deutlich ertragreicher, erfolgt die Bestäubung durch Honigbienen. Zu Einbußen kann es allerdings bedingt durch ungünstige Wetterlagen kommen. Können die Bienen nicht so häufig wie sonst ausfliegen, leidet auch die

Bestäubung darunter. Anstelle von bis zu mehreren Millionen Blüten pro Tag werden von den Trachtbienen eines großen Bienenvolkes dann vielleicht nur einige Hunderttausend Blüten besucht.

Längst werden Bienen auch gezielt zur Bestäubung von Obst und Gemüse unter Glas oder Folie eingesetzt. Auch hier machen sie unermüdlich ihre Arbeit und übersehen keine einzige Pflanze.

Die Bienen verfügen nämlich nicht nur über hervorragende Eigenschaften als Bestäuber, sie sind auch bestens organisiert. Kein anderes Insekt ist dermaßen anpassungsfähig und fleißig. Honigbienen sind darüber hinaus auch blütenstet, das heißt, sie bleiben einer Blütenart während der ganzen Blüte treu.

Durch die Arbeitsteilung sind die Bienen bestens organisiert. Die Sammlerinnen geben Pollen und Nektar bereits am Flugloch ab und fliegen wieder aus. Dadurch erbringt die Biene eine große Sammelleistung. An einem einzigen Tag fliegt sie bis zu 30 Mal zum Sammeln aus und besucht dabei circa 300 Blüten. Durch die verschiedenen Bienentänze teilt sie den anderen Bienen im Stock mit, wo sich besonders ertragreiche Pflanzen befinden. Die Effizienz des Bienenvolkes beim Sammeln von Nektar und Pollen ist in der Summe kaum zu übertreffen.

Die Anatomie der Biene

Insektenkörper sind dreiteilig aufgebaut. Sie gliedern sich in Kopf, Brust und Hinterleib. Innerhalb der Klasse der Insekten gehören die Bienen zur Ordnung der Hautflügler Hymenoptera und zur Unterordnung der Taillenwespen.

Schaut man bei den Bienen genauer hin, kann man sehen: Der Kopf trägt die Antennen, drei Punktaugen und zwei Facettenaugen sowie die Mundwerkzeuge. An der Brust sitzen die Flügel und die Beine. Der Hinterleib verfügt über acht Wachsdrüsen, mit denen die Biene das Wachs für den Wabenbau bildet. Hier sitzt auch der Stachel.

Der Bienenkörper besteht also aus dem Abdomen, dem Thorax, zwei Paar Flügeln, den drei Beinpaaren, dem Kopf mit den Augen sowie den Fühlern und den Mundwerkzeugen.

Das Abdomen

Den größten Teil der Biene nimmt ihr Hinterleib, das Abdomen, ein. Es besteht aus Rückenplatten und Bauchplatten, die miteinander beweglich verbunden sind. Die Oberfläche des Rückens, auch Tergite genannt, weist zahlreiche kleine Härchen auf. Hier sitzen auch die acht Wachsdrüsen, die die Wachsplättchen für den Wabenbau ausscheiden.

Ganz am Ende des Hinterleibs sitzt der Stachel der Biene. Davor befindet sich die Giftblase. Der Stachel besteht aus zwei Stachelspitzen, auch als Stechborsten bezeichnet, die mit Widerhaken versehen sind. Sie lassen sich auf einer Schiene aus- und einfahren. Zwischen ihnen wird das Gift in einem gesonderten Kanal geführt.

Je nach Größe der Biene ist der Hinterleib unterteilt in unterschiedlich viele Hinterleibsringe. Eine weibliche Arbeiterin hat sechs Ringe, ein männlicher Drohn sieben. Die Ringe überlappen ähnlich wie Dachziegel und bilden so eine geschlossene Fläche.

Thorax oder Brustkorb

Am Thorax der Biene sitzen die Flügel- und die Beinpaare. Der Brustkorb ist also sozusagen der Motor, die Antriebseinheit der Biene. Er besteht fast ausschließlich aus Muskeln, die zum Fliegen benötigt werden. Nur die Speiseröhre und ein Nervenbündel verlaufen hier noch zusätzlich. Mit der Flugmuskulatur werden jedoch nicht nur die Flügel bewegt. Sie dienen der Biene auch als Heizung. Die Biene kann diese Muskulatur unabhängig von den Flügeln aktivieren und auf diese Weise Wärme erzeugen.

Der Thorax wird untergliedert in drei Brustsegmente: den vorderen, den mittleren und den hinteren Brustteil. Der vordere Teil stellt die Verbindung zum Kopf dar. Er ist also quasi der Hals der Biene. Im mittleren Teil sitzen Flügel und zwei Beinpaare. Das dritte Beinpaar ist am hinteren Brustteil angebracht, ebenso das hintere Flügelpaar.

Die Flügel

Die Biene hat zwei Flügelpaare. Das Besondere ist, dass die Vorder- und Hinterflügel jeweils dicht miteinander verbunden sind. Sie lassen sich von der Biene daher wie ein einziger Flügel bewegen. Die kleinen Häkchen des Hinterflügels greifen dabei ähnlich wie ein Reißverschluss in den hinteren Rand des Vorderflügels. Die Biene kann diesen biologischen Reißverschluss nach Belieben öffnen und schließen. Zum Putzen der Flügel trennt sie ihn auf.

Der Aufbau und die Struktur der Flügel sind bei allen drei Bienenwesen gleich. Sie unterscheiden sich nur in der Größe. Die kleinsten Flügel haben die Arbeitsbienen. Die Flügel der Königin sind größer. Am größten jedoch sind die Flügel der Drohnen.

Die Beine

Die Biene hat drei Beinpaare. Je nach Bienenwesen sind sie unterschiedlich ausgebildet.

Das Beinpaar in Kopfnähe hat die Aufgabe, die Fühler zu reinigen. Hier gibt es eine so genannte Putzrinne.

Mit dem mittleren Beinpaar läuft die Biene.

Die längsten Beine, die Hinterbeine, haben die Aufgabe, Pollen zu sammeln und zu transportieren. Hier sitzen Pollenkamm (Tibia) und Pollenbürste (Tarsus). Die Pollenbürste ist ganz unten am Fuß angebracht. Der Pollenkamm sitzt weiter oben am Unterschenkel. Die Pollenbürste sammelt den Pollen auf. Hier bilden sich auch die Pollenhöschen.

Die Beine der Biene bestehen wie ihr ganzer Körper aus Chitin. Sie untergliedern sich in fünf Abschnitte: in Hüfte, Schenkelring, Schenkel, Schiene und Fuß. Auch der Fuß ist wiederum fünffach untergliedert. An seinem Ende sitzen zwei Krallen und eine Haftscheibe.

Der Kopf

Am Kopf der Biene sitzen ihre Augen: zwei große Facettenaugen, die aus unzähligen kleinen Einzelaugen bestehen. Zwischen den Einzelaugen befinden sich zum Teil lange Tasthaare. Wie viele kleine Augen mögen das wohl sein, aus denen so ein Facettenauge besteht? Das ist schwer zu sagen, da das Auge gewölbt ist und die einzelnen Augen sich deshalb gar nicht so leicht abzählen lassen. Man schätzt jedoch, dass es über 5.000 Linsen sind, aus denen sich das Komplex- oder Facettenauge bei Arbeiterin und Königin zusammensetzt. Drohnenaugen sind wesentlich größer. Sie bestehen aus bis zu 19.000 Linsen. Jedes einzelne dieser Augen besteht aus einer Linse, einem Kristallkegel und acht Sehzellen. Hier ist der lichtempfindlichste Teil des Auges, das Rhabdomer, angesiedelt. Abgetrennt vom Nachbarauge werden die Einzelaugen durch dunkle Pigmentzellen am Rand des Auges.

Was aber kann die Biene mit einem Facettenauge eigentlich sehen? Nun, die Bienen erkennen mit ihren Komplexaugen am besten Formen, Muster und Farben. Alle Informationen aus den Einzelaugen werden im Gehirn gebündelt und ergeben erst dort ein Gesamtbild. Allerdings ähnelt dieses Bild eher einem Rundumblick. Räumlich sehen können die Bienen mit den Facettenaugen nicht.

Lichtreflexe nehmen sie übrigens mit den drei anderen Augen besser wahr, die weiter oben am Kopf sitzen. Sie werden auch Punktaugen genannt.

Die Antennen

Die Antennen oder Fühler der Honigbiene sind im Vergleich zu denen anderer Insekten wenig auffällig. Bei den weiblichen Bienen bestehen die

Antennen aus 12 Segmenten, bei den Drohnen sind es 13 Fühlerglieder. Sie sind jeweils nur drei Millimeter lang und haben einen Durchmesser von lediglich 0,2 Millimeter.

Auch wenn die Antennen für das menschliche Auge eher unscheinbar wirken, so haben sie doch für die Biene eine wichtige Funktion. Sie sind nicht nur Tastorgan. Hier sitzen auch Abertausende von winzig kleinen Geruchszellen. Die Fühler sind also quasi die Nase der Biene.

Die meisten Riechplatten und Riechhaare sitzen vorne auf den ersten acht Antennengliedern. Raten Sie einmal, wie viele Geruchszellen hier angesiedelt sind. Hätten Sie es gedacht? Hier sitzen ungefähr 40.000 Riechzellen. Über Poren nehmen sie Gerüche auf und leiten sie an andere Sinnesorgane im Inneren des Körpers weiter.

Zwei Segmente der Antennen sind über kleine Kugelgelenke miteinander verbunden. Ein Gelenk sitzt am Kopf, das andere zwischen Schaft und Geißel. Hier liegen die Tasthaare der Biene. Je nach Stellung der Antennen sind sie geknickt oder gerade ausgestreckt und signalisieren der Biene auf diese Weise auch die Stellung der Fühler.

Schaut man in einen Bienenfühler hinein, so sieht man ganz deutlich das Sinnesepithel und die luftgefüllten Tracheen sowie die Blutgefäße in der Cuticula-Röhre.
Die längsten Antennen haben übrigens die Drohnen. Sie sollen die Königin beim Hochzeitflug möglichst rasch an ihrem Duft erkennen.

Wer sich nun fragt, wo die Ohren einer Biene sitzen, der bekommt als Antwort: am ehesten auch in den Fühlern. Was heißt das? Nun, die Biene kann im eigentlichen Sinne nicht

hören. Sie nimmt allerdings über ihre Antennen Vibrationen wahr. Neben dem Tastsinn und dem Geruchssinn liegen also auch Geschmackssinn und Gehör in den Fühlern der Honigbiene.

Die Mundwerkzeuge

Die Mundwerkzeuge der Insekten unterscheiden sich stark voneinander. Sie sind ideal an die Ernährungsweise des jeweiligen Insekts angepasst. Die Mundwerkzeuge der Biene werden als saugend - leckend beschrieben. Es gibt aber auch kauend - beißende Mundwerkzeuge bei Insekten, so zum Beispiel die der Küchenschabe. Allen jedoch ist eines gemein: Sie sind mit kräftigen Muskeln versehen.
Die Mundwerkzeuge untergliedern sich in Oberkiefer, Unterkiefer, Oberlippe und Unterlippe.

Die Bienen setzen ihre Mundwerkzeuge hauptsächlich dazu ein, um Nektar und Pollen zu sammeln. Im Normalfall sind die Mundwerkzeuge der Honigbienen nicht zu sehen. Sie sind eingeklappt. Nur beim Besuch einer Blüte fahren die Bienen ihre Mundwerkzeuge aus. Unterkiefer und Unterlippe bilden dann gemeinsam ein Saugrohr, mit dem der Nektar aufgesogen wird. In diesem Saugrüssel befindet sich auch die mit vielen Härchen besetzte Zunge. An ihrer Spitze sitzt das Löffelchen, eine kleine Vertiefung, mit der die Biene auch einzelne Tropfen auftupfen kann. Wozu aber ist der Oberkiefer da? Mit dem Oberkiefer greifen, halten, tragen und schneiden die Bienen. Er wird auch zum Kneten von Wachs verwendet.

Die Metamorphose - die Entwicklung der Biene vom Ei zur Biene

Wie aber wird aus dem Ei der Königin eine Biene? Drohnen, Arbeiterinnen und Königinnen entwickeln sich aus dem winzigen Ei, das die Königin in der Wabenzelle ablegt. Ist das Ei befruchtet, wird aus ihm eine Arbeitsbiene, also eine weibliche Biene. Die Larven werden dazu mit Pollen und Honig gefüttert, in den ersten Tagen auch mit dem „Saft der Königinnen" dem Gelée royale. Unbefruchtete Eier werden zu männlichen Bienen, den Drohnen.

Das abgelegte Ei ist 1,3 bis 1,5 Millimeter lang und etwa 0,13 Milligramm schwer. Es entwickelt sich am vierten Tag zur Larve. Die Made, die dann aus dem Ei schlüpft ist 1 bis 1,5 Millimeter lang und wiegt circa 0,3 Milligramm. Sie wird auch als Rundmade bezeichnet, da sie zusammengerollt in der Wabenzelle liegt.

Wird sie ausgiebig gefüttert wächst sie und wird zur Streckmade. Im Laufe dieses Prozesses häutet sie sich über die nächsten vier Tage vier Mal. Nun wiegt sie bereits das 500-fache: 150 Milligramm ist sie bereits schwer. Hat sich die Made gestreckt, verdeckeln die Pflegebienen die Wabenzelle. Das geschieht am neunten Tag. Nun muss die Larve etwa elf Tage Ruhe haben. In ihrem Inneren geschieht nämlich jetzt die Metamorphose. Die Verpuppung der Larve wird vorbereitet. Für die Metamorphose wird eine konstante Temperatur im Bienenstock von 35° C benötigt. Die ideale Luftfeuchtigkeit beträgt 40 Prozent.

Die Larve bildet zuerst einen Kokon und dann eine Puppe. Sie verwandelt sich vollständig. Am 21. Tag schließlich streift sie die Puppenhaut ab. Die fünfte und abschließende Häutung erfolgt. Es schlüpft eine fertige, geflügelte Biene, die Imago.

Legt die Königin befruchtete weibliche Eier in Weiselzellen ab, werden aus ihnen Königinnen. Die Pflegebienen versorgen sie dann nicht mit Pol-

len und Nektar, sondern ausschließlich mit Gelée royale. Ihre Metamorphose verläuft kürzer als die der normalen Bienen. Bereits am achten Tag erfolgt die Verdeckelung der Weiselzellen. Die junge Königin schlüpft auch eher als die Arbeitsbienen. Bereits nach 16 Tagen ist es soweit. Am längsten

benötigen die männlichen Bienen, die Drohnen, für die Metamorphose. Sie schlüpfen erst nach 23 Tagen.

Zu den Produkten der Bienen gehören neben dem Honig auch Pollen, Bienenwachs, Propolis, Gelée Royale und – nicht zu vergessen – auch das Bienengift, das in der Medizin Anwendung findet.

Als Nahrungsergänzungsmittel werden vom Verbraucher zunehmend Pollen und Propolis nachgefragt. Die wichtigste Rolle aber spielt weiterhin der Honig.

Der Honig

Der süße Honig ist eines der ältesten Nahrungsmittel der Menschheit. Schon in der Zeit um 6.000 v. Chr. war er beliebt als Lebens- und Genussmittel. Das belegen Zeichnungen aus der Steinzeit, in denen Menschen beim Sammeln von Honig gezeigt werden. Seit rund 10.000 Jahren wird der Honig auch als Medizin verwendet.

In Deutschland wird so viel Honig verzehrt wie in keinem anderen Land. Wir sind Weltmeister im Honigessen. Fast eineinhalb Kilogramm Honig verzehrt jeder Deutsche pro Jahr.

Was aber ist Honig überhaupt? Woraus besteht er und wie wird er gemacht?

Die Zusammensetzung des Honigs

Honig ist flüssig, cremig oder fest. Seine Konsistenz ist abhängig von den Sorten der Blüten beziehungsweise vom verwendeten Honigtau. Seine Farbe reicht von Weiß über Hellgelb bis hin zu Honigfarben und Braun. Je nach seinem Zuckeranteil schmeckt er leicht süß bis sehr süß. Vier Zuckerarten sind im Honig enthalten. Den größten Anteil haben Glukose und Fruktose, dann folgen Sucrose und Maltose.

Honig enthält nur einen kleinen Anteil an Wasser. Erlaubt ist nach der Honigverordnung maximal ein Gehalt von 18 bis 20 Prozent. Lediglich Heidehonig, ein besonders zäher Honig, darf bis zu 23 Prozent Wasser aufweisen. Die deutsche Honigverordnung gilt als besonders streng. Sie bestimmt, dass dem Honigprodukt der Biene nichts hinzugefügt und auch nichts entnommen werden darf. Der Honig ist eines der wenigen Lebensmittel, das zu 100 Prozent rein natürlich ist.

Neben Zucker und Wasser findet man im Honig viele Enzyme, Pollen, Vitamine und Aminosäuren sowie Mineralstoffe und Aromen. Mediziner empfehlen Honig als Süßungsmittel, da er gesünder ist als Zucker. Honig wird von ihnen auch in der Wundheilung eingesetzt. Der hohe Zuckergehalt des Honigs sorgt dafür, dass sich Bakterien auf ihm nicht ansiedeln können. Sie werden zersetzt. Honig wird daher auch eine antibakterielle Wirkung nachgesagt.

Wie aber schmeckt Honig? Nun, die meisten würden auf diese Frage mit nur einem Wort antworten: süß. Ja, die meisten Honige sind süß. Dennoch unterscheiden sie sich im Geschmack, zum Teil sogar sehr stark. Vergleichen Sie doch nur einmal einen Tannenhonig mit einem Akazienhonig. Während der Waldhonig herb und kräftig schmeckt, ist der helle Akazienhonig mild und süß.

Honig hat übrigens einen weiteren Vorteil. Er ist nahezu unbegrenzt haltbar. Allerdings kristallisiert er mit zunehmendem Alter aus. Honige, die auch nach langer Lagerung noch flüssig sind, sind häufig Importhonige, die zu hoch erhitzt wurden. Zum besseren Abfüllen werden diese Honige oft auf über 40°C erwärmt. Dabei werden wichtige Enzyme zerstört. Natürliche Honige wie der deutsche Honig hingegen werden mit der Zeit fest. Wie schnell das passiert hängt ab von dem Glukosegehalt des Honigs, also dem Traubenzuckergehalt. Je mehr Traubenzucker ein Honig enthält, umso schneller kristallisiert er aus. Kleehonig und Rapshonig, die bekanntesten Massentrachthonige, werden schnell fest. Waldhonig und Tannenhonig, also Honige aus Honigtau, sind hingegen fast immer flüssig.

Die Zuckerarten im Honig

Der Hauptbestandteil des Honigs ist Zucker. Fruktose und Glukose, Saccharose oder Sucrose sowie Maltose und Melezitose machen die wichtigsten Zuckerarten im Honig aus.

Fruktose

Der Fruchtzucker, die Fruktose, ist ein Einfachzucker, der vor allem in Früchten und Honig vorkommt. Ebenso wie die Glukose gehört die Fruktose zu den wichtigsten Energielieferanten unter den Zuckern, die dem Organismus sofort zur Verfügung stehen. Da Honig besonders viel Fruktose und Glukose enthält, die der Körper leicht aufnehmen kann, ist er besonders gut bekömmlich.

Glukose

Der Traubenzucker, die Glukose, gehört ebenfalls zu den Monosacchariden, also den Einfachzuckern. Der menschliche Körper ist auf Glukose angewiesen. Sie ist wichtiger Bestandteil unseres Blutes. Rote Blutkörperchen, Nieren und Gehirn gewinnen ihre Energie ausschließlich oder nahezu ausschließlich aus Glukose. Ohne Traubenzucker könnten sie nicht funktionieren. Gesteuert wird der Glukosegehalt im Blut über das Insulin und über Hormone. Der hohe Glukosegehalt im Honig bewirkt, dass der Körper die Wirkstoffe des Honigs besonders gut verarbeiten kann. Sie stehen dem Organismus sofort zur Verfügung.

Saccharose / Sucrose

Unser Haushaltszucker gehört zu den Kristallzuckern und wird auch Saccharose oder Sucrose genannt. Anders als Fruktose und Glukose ist er ein Zweifachzucker, ein Disaccharid. Auch er ist im Honig enthalten. Im Unterschied zum Honig jedoch ist der Industriezucker für den Körper nahezu wertlos. Die Kombination der Wirkstoffe im Honig ist es, die ihn so wertvoll für unseren Organismus macht. Außerdem ist Honig ein reines Naturprodukt und daher sehr gesund.

Maltose

Auch der Malzzucker, die Maltose, ist ein Zweifachzucker. Bei ihm handelt es sich um ein Stärke-Abbauprodukt. Im Honig ist Maltose die drittwichtigste Zuckerart.

Melezitose

Ein völlig anderer Zucker ist die Melezitose oder Melizitose. Sie wird nämlich von Insekten aus Glukose und Saccharose gebildet und als Honigtau ausgeschieden. Die Melezitose ist ein Dreifachzucker. Im Waldhonig ist sie am ehesten zu finden. Er enthält bis zu 12 Prozent des Trisaccharids. Ein hoher Anteil an Melezitose ist vom Imker gar nicht erwünscht. Der Honig kristallisiert dann nämlich manchmal schon in den Waben aus und wird so fest, dass er nicht mehr geschleudert werden kann. Der Imker spricht dann von Melezitosehonig oder Zementhonig.

Warum Honig trotz seines hohen Zuckergehalts so gesund ist

Laboruntersuchungen geben Aufschluss über den Gehalt der verschiedenen Zuckerarten im Honig. Honige, die reich an Fruchtzucker, Traubenzucker und Malzzucker sind, können vom menschlichen Organismus besonders leicht aufgenommen werden. Sie sind die idealen Energielieferanten. Das Besondere: Die zugeführte Energie dieser Einfachzucker wird dem Körper sofort zur Verfügung gestellt.

Fermentezucker im Honig wie Invertase, Diastase, aber auch Traubenzuckermoleküle und Glucoseoxidase gelten hingegen als besonders gesundheitsfördernd. Warum das? Nun, Fermente zerlegen komplexe[*] Nahrungsmittel in einfache Stoffe, die

vom Körper leichter verarbeitet und aufgenommen werden können. Invertase spaltet zum Beispiel Rohrzucker in Fruchtzucker und Traubenzucker. Diastase baut Stärke zu Malzzucker ab und Glucoseoxidase ist für die antibakterielle Wirkung des Honigs verantwortlich, weil es die Bildung von Keimen unterbindet.

Die Kombination der verschiedenen Zuckerarten und Wirkstoffe ist es, die den Honig vom einfachen Haushaltszucker unterscheidet. Während dieser nur aus Saccharose besteht, finden sich im Honig neben Frucht- und Traubenzucker Mineralstoffe, Proteine, Vitamine, Spurenelemente und Enzyme. Mehr als 180 verschiedene natürliche Wirkstoffe konnten bisher im Honig nachgewiesen werden.

Honig ist für den Körper wertvoller als Industriezucker und im Unterschied zu diesem ein reines Naturprodukt. So sorgen die Aminosäuren beispielsweise für einen verbesserten Stoffwechsel. Die Enzyme haben antibakterielle Wirkung, die Säuren wirken verdauungsfördernd und anregend. Längst belegen wissenschaftliche Studien auch die entzündungshemmende Wirkung von Honig, die sich auf den ganzen Körper positiv auswirkt. Spezielle medizinische Honige werden mittlerweile auch erfolgreich in der Schulmedizin eingesetzt, z. B. bei Nasennebenhöhlen-Erkrankungen oder Wundbehandlungen.

Die Honigherstellung

Wie aber stellt der Imker Honig her? Der Imker kann den Honig durch Schleudern, Pressen oder Tropfen gewinnen, ihn in Scheiben schneiden oder gleich als Wabenhonig verkaufen.

In Deutschland wird Honig heute fast nur noch geschleudert. Dabei schleudert der Imker die Rähmchen in einer Zentrifuge, der so genannten Honigschleuder. Beim Schleudern läuft der Honig heraus. Heidehonig ist sehr zäh, manchmal so zäh, dass er sich nicht schleudern lässt. Deshalb wird er auch als Scheibenhonig oder Wabenhonig angeboten. Bei letzterem sind oft noch Waben im Honig enthalten.

Vor der Erfindung der Honigschleuder wurde der Honig aus den Waben gepresst, manchmal ließ man ihn auch einfach heraustropfen. Damit dieser Prozess leichter vonstatten geht, wird der Honig oftmals erwärmt. Dabei sterben die hitzeempfindlichen Enzyme ab. Deshalb ist dieser Honig nicht so hochwertig wie der heutige Schleuderhonig.

Pollen

Zunehmende Bedeutung als Bienenprodukt mit wirtschaftlichem Aspekt gewinnt neben dem Honig auch der Bienen-Pollen.

Die Bienen sammeln den Blütenstaub, die Pollen, aus den Blütenkelchen. Dann schieben sie ihn auf ihre Hinterbeine oder auf ihren Hinterleib. Es bilden sich die Pollenhöschen, das sind kleine Pollenpäckchen, in denen die Biene den Pollen zum Stock transportiert.

Der Pollen hat je nach Blüte der Tracht völlig unterschiedliche Farben. Er kann weiß, gelb oder rot, blau und violett sein. Anhand der Farbe des Pollens kann der Imker auch sehen, welche Tracht seine Bienen gerade besuchen.

Pollen ist sehr eiweißreich und wird als Ergänzung zum zuckerhaltigen Nektar und Honigtau als Nahrungsmittel für die Bienen und die Brut eingesetzt. Der Imker sollte den Bienen daher nicht zu oft den Pollen wegnehmen. Nur gesunde, starke Völker können auf einen Teil des gesammelten Pollens verzichten. Bei anderen Bienenvölkern würde der Imker die Brut durch die Pollenentnahme nur schwächen. Die Entnahme des Pollens sollte also immer sehr überlegt vorgenommen werden und nur in gewissen Zeitabständen erfolgen.

Der Imker sammelt den Pollen oft bereits vor dem Flugloch ab. Dazu errichtet er ein kleines Einlaufgeflecht, an dem die Bienen beim Anflug den Pollen abstreifen. Dieses wird als Pollenfalle bezeichnet. Der Pollen fällt dabei in einen kleinen Auffangbehälter. Der Behälter sollte vom Imker mindestens einmal am Tag geleert werden. Der frische Pollen muss nämlich umgehend gereinigt und getrocknet werden. Dazu verwendet der Imker oft einen ganz normalen Fön.

Die Imker bieten den gereinigten Pollen dann als Deutschen Blütenpollen an. Dieser erfreut sich in den letzten Jahren steigender Nachfrage. Warum? Blütenpollen gilt als ausgesprochen nahrhaft. Nur wenige Löffel täglich, in Joghurt, Milch oder Müsli verzehrt, sorgen für eine wertvolle Nahrungsergänzung. Pollen werden auch nach Diäten oder Krankheiten als Aufbaumittel verwendet.

Bienenwachs

Das von den Bienen aus Drüsen abgesonderte Wachs, das Bienenwachs, ist auch bei Menschen besonders begehrt. Die Biene verwendet es zum Wabenbau.

In der Industrie wird Bienenwachs nicht nur für die Produktion von Kerzen eingesetzt. Es findet auch in der Kosmetikindustrie und in der Pharmazie Verwendung. Auch wenn es heute vielfach durch Kunstwachs ersetzt wird, so ist Bienenwachs doch einzigartig und kann nicht künstlich hergestellt werden. Als wichtiger Bestandteil in Salben und Cremes, Lippenstiften und Lotionen hat es daher in der Kosmetik immer noch seinen Platz. Da Bienenwachs als besonders hochwertiges Wachs gilt, werben die Hersteller auch ausdrücklich mit diesem Wirkstoff. Viele Produktverpackungen enthalten daher ein gesondertes Label mit dem Vermerk „mit echtem Bienenwachs".

Der Wabenbau der Biene

Bienen haben einen natürlichen Bautrieb. So wird das Verhalten der Bienen bezeichnet, ständig neue Waben zu errichten. Die Waben werden zur Aufzucht der Brut benötigt, aber auch zur Lagerung von Nahrungsreserven wie Pollen und Honig eingesetzt.
Das Wachs für den Wabenbau entstammt den Wachsdrüsen der Biene. Von April bis Juli schwitzen die Bienen kleine Wachsplättchen aus. Das funktioniert allerdings nur dann, wenn das Nahrungsangebot an Nektar ausreichend groß ist. Nun erstellen die Bienen die typischen sechseckigen Waben. Der Imker stellt seinem Volk für den Bau Holzrähmchen zur Verfügung. So kann er die Waben später besser bei der Honigernte entnehmen. Die meisten Imker löten zwischen den Holzrähmchen, die mit

3. Die Produkte der Biene

Draht zwischen gespannt sind, noch Mittelwände. Mittelwände sind vorgepresste Wachsplatten. Auf diesen Wachsplatten sind die Waben bereits in der richtigen Größe und Form vorbereitet. So können die Bienen direkt mit dem eigentlichen Wabenbau beginnen.

Bei einem Schwarm ist der Bautrieb am stärksten ausgeprägt. Er muss schließlich schnellstmöglich für eine neue Behausung sorgen und deshalb besonders emsig bauen.
Zunächst bauen die Bienen fünfeckige Deckenzellen, an die sich nach unten die sechseckigen Wabenzellen anschließen. Die einzelnen senkrechten Waben haben dabei einen Abstand von etwa einer Bienenlänge, also etwa einem Zentimeter. Die Waben haben auch untereinander immer den gleichen Abstand. Von Wabenmitte bis Wabenmitte beträgt er exakt 35 Millimeter. Zellen für die weibliche Brut sind 5,4 Millimeter breit und 12 Millimeter tief. Drohnenbrut benötigt mehr Platz. Ihre Waben sind 6,7 Millimeter breit, aber genau so tief wie die von Arbeitsbienen. Die

Weiselzellen der Königin sind mit 7,01 Millimeter am größten und mit 20 bis 25 Millimeter doppelt so tief wie die Waben der Drohnen und der Arbeitsbienen.

Beim Wabenbau sind übrigens nicht alle Bienen gleichermaßen beteiligt. Nur Bienen im Alter von 12 bis 15 Tagen sind in der Lage, Wachs zu produzieren. Sie schieben die durchsichtigen Wachsplättchen mit ihren Füßen dann zum Mund und kneten das Wachs mit ihren Mundwerkzeugen. Dabei versetzen sie es auch mit Speichel. Sie formen das Wachs auf diese Weise für den Bau. Für 100 Gramm Bienenwachs benötigen die Bienen 125.000 Wachsplättchen. Daraus wiederum werden bis zu 8.000 Zellen gebaut. Anfangs sind diese Zellen eher rund. Erst durch die Erwärmung des Wachses durch den Bearbeitungsprozess auf etwa 40 Grad verformen sich die Zellen zu einem Sechseck. Nun haben die Wabenzellen eine gleichmäßige Wandstärke von 0,07 Millimeter.

Jede einzelne Wabe besteht aus einer Mittelwand, sozusagen dem Boden, auf dem dann mehrere Tausend sechseckige Wabenzellen errichtet werden. Die sechseckige Form ermöglicht eine maximale Fläche an umbautem Raum mit möglichst wenig Material. Der so konstruierte Raum bietet die größtmögliche Fläche, um Honig zu lagern oder entsprechend viele Brutzellen aufzunehmen. Das Sechseck bietet als Form eine größere Stabilität und Festigkeit als andere Formen.

Die Verteilung der Waben im Bienenstock erfolgt nach einem bestimmten Prinzip. Die ältesten Brutstadien befinden sich in der Mitte. Jüngere Brutzellen schließen sich an. Umgeben ist die Brutfläche von dem Futterkranz und einem Pollengürtel, also von mit Pollen gefüllten Waben. Sie schützen das Brutnest.

Die Waben bilden quasi das Skelett des Bienenstocks. Neues Bienenwachs ist von weißer Farbe. Pollensekrete und Pollenbestandteile im Honig führen dazu, dass es sich mit der Zeit gelb verfärbt.

Der Wachskreislauf

Das Bienenwachs durchläuft in der Imkerei häufig einen Kreislauf. Zuerst wird es als Wabe verbaut, dann vom Imker eingeschmolzen und als Mittelwände wiederverwendet. Ein Problem dabei sind anscheinend fettlösliche Substanzen, die sich über die Zeit in immer größerer Anzahl im Bienenwachs anreichern. Sie entstammen zum Teil von chemischen Behandlungsmitteln gegen die Varroose, eine Bienenkrankheit. Biologisch arbeitende Imker verwenden daher ausschließlich Wachs, das rückstandsfrei ist.

Jeder Imker ist gut beraten, einen eigenen Wachskreislauf aufzubauen, das heißt nur Mittelwände aus dem Wachs seiner eigenen Völker zu verwenden. Nur so kann er sicher sein, dass sich im Wachs keine unbekannten Rückstände befinden. Im Idealfall ersetzt er auch einen Teil des Wachses jährlich durch neues Wachs. Der Wachskreislauf ist eine Folge der Bienenhaltung durch den Menschen. Wildbienen verwenden ihr eigenes Wachs nicht erneut. Nach maximal sieben Jahren verlassen sie in der Regel ihren Stock und bauen einen neuen.

Propolis

Die Knospen von Bäumen enthalten eine harzige Substanz, die Grundlage von Propolis. Es wird auch als Kittharz, Bienenharz, Bienenleim oder Kittwachs bezeichnet. Die Bienen reichern das Harz mit Wachs und Pollen, aber auch mit eigenen Sekreten an und verarbeiten es weiter zu Propolis. Dieses verwenden sie als Baumaterial oder zur Reparatur und zum Abdichten des Stocks. Da Propolis antibiotisch und antimykotisch wirkt, hemmt es zugleich das Wachstum von Bakterien und Pilzen im Bienenstock. Die Bienen verwenden es daher auch als Auskleidung für die Waben.

Der Imker entwendet Propolis durch Abkratzen. Er benutzt für die Gewinnung von Propolis manchmal aber auch ein engmaschiges Kunststoffgitter, das die Bienen mit Propolis auffüllen. Das gefüllte Gitter entnimmt er dann und legt es in den Gefrierschrank. Propolis wird durch die Kälte fest und spröde und lässt sich leicht herausklopfen. Anschließend löst der Imker Propolis in Alkohol und filtert die Verschmutzungen heraus.

Wozu aber wird Propolis verwendet? Propolis unterliegt anders als Honig und Pollen nicht dem Lebensmittelrecht, sondern dem Arzneimittelrecht. Der Imker darf Propolis daher nicht für gesundheitliche Zwecke verkaufen. Das ist den Apotheken vorbehalten. Der Grund dafür liegt auf der Hand: Propolis wird überwiegend in der Medizin eingesetzt, so zum Beispiel als Entzündungshemmer, in der Wundbehandlung oder der Therapierung von Akne, Schuppenflechte und anderen Hautkrankheiten, aber auch bei Sonnenbrand und Schmerzen. Es wirkt aber scheinbar auch wie ein natürliches Antibiotikum bei Erkältungen, Grippe oder sogar Lun-

gengentzündung. Die meisten Imker, die ich kenne, nehmen es gegen fast jede Krankheit. Da die meisten Imker schon sehr alt und rüstig sind, muss irgendetwas an der Wirkung dran sein. Schon die alten Ägypter kannten Propolis. Sie verwendeten es unter anderem zum Einbalsamieren ihrer Mumien.

Die Bestandteile von Propolis sind überwiegend Naturharz und Pollenbalsam. Sie machen mehr als die Hälfte der Substanz aus. Ein Drittel des Propolis besteht aus Wachs, der Rest aus Ölen und Pollen. Propolis enthält neben Zink, Eisen und Magnesium auch Wirkstoffe wie Silizium und Selen oder Kupfer. Die Vitamine A, B3 und E sowie Flavonoide lassen sich in Propolis ebenfalls nachweisen.

Gelée Royale

Das Gelée Royale, der Saft, mit dem die Bienenkönigin ernährt wird, gilt als das wertvollste Bienenprodukt. Verschiedene Imkereien gewinnen den Weisel- oder Königinfuttersaft, indem sie die Königin aus dem Bienenvolk entfernen. Die Königinnenzellen werden dann durch andere, künstliche Königinnenzellen ersetzt. Die Königin muss allerdings zu einem ganz bestimmten Zeitpunkt entnommen werden. Ist die Königinlarve exakt drei Tage alt, wird sie vom Imker entfernt. Auf diese Weise lässt sich etwa ein Pfund Gelée Royale von einem Bienenvolk gewinnen. Allerdings bedeutet dieses Vorgehen eine hohe Belastung für das Volk. Viele Imker lehnen es daher ab, Gelée Royale zu produzieren.

Der Markt jedoch fragt Gelée Royale ähnlich stark nach wie Propolis. Als Nahrungsergänzungsmittel werden ihm genau so hohe gesundheitsfördernde Wirkungen nachgesagt. Heute kommt ein Großteil des bei uns angebotenen Gelée Royals aus Asien, der größte Anteil stammt aus China. Dabei werden Preise von bis zu 140 Euro pro Kilogramm Gelée Royale erzielt.

Gelée Royale enthält neben Zucker und Wasser auch viele Proteine und Aminosäuren. Bis zu zwei Drittel der Substanz bestehen aus Wasser, bis zu einem Drittel aus Zucker. Proteine und Aminosäure machen etwa ein Zehntel aus. Der Rest besteht aus Fetten und Spurenelementen sowie Mineralstoffen.

Da die Königin mit diesem Futter sehr viel länger lebt, als die anderen Bienen, wird dem Gelée royale eine lebensverlängernde Wirkung nachgesagt.

Bienengift

Das Bienengift oder Apitoxin stellen die Arbeitsbienen in Drüsen an ihrem Hinterleib her. Es besteht aus einer Mischung von sauren und basischen Sekreten sowie verschiedenen Proteinen. Im Laufe ihres Lebens kann die Biene etwa 0,1 mg Gift produzieren. Was viele nicht wissen: Nach einem Stich lässt sich der Giftvorrat nicht erneut auffüllen.

Das Gift hemmt die Gerinnung und ruft an der Einstichstelle des Stachels Entzündungen hervor. In niedrigen Dosen wirkt Bienengift gesundheitsfördernd. Daher wird es auch in der Medizin verwendet. Es soll unter anderem gegen Rheuma wirken.

Bienengift wirkt in niedriger Dosierung zum Beispiel entzündungshemmend. Ein Grund dafür ist der hohe Gehalt an Melittin, das 100 Mal stärker wirkt als Cortison. Das Bienengift besteht zu mehr als der Hälfte aus dieser Substanz. Weitere Bestandteile sind das Nervengift Apamin sowie das Analgetikum Adolapin, das schmerzstillend und entzündungshemmend wirkt.

Das eigentliche Gift im Bienengift aber ist Phospholipase A2. Sein Anteil am Bienengift beträgt etwa zehn Prozent. Dieses Enzym greift die Zellmembranen an. Dadurch wird der Blutdruck abgesenkt und die Blutgerinnung eingeschränkt. Bei diesem Prozess bilden sich die Prostaglandine. Das sind stark Entzündung fördernde und Schmerz erzeugende Gewebehormone. Hyaluronidase und Histamin sorgen für eine Ausbreitung der Entzündung im Körper.

Nach einem Bienenstich sollte man die Einstichstelle umgehend säubern und den Stachel, so noch vorhanden, entfernen. Auf jeden Fall sollte die Einstichstelle gründlich gereinigt werden. Warum? Nicht nur Laien, auch viele Jungimker wissen nicht, dass die Bienen am Einstich einen bestimmten Duft hinterlassen, mit dem sie den Angreifer markieren. Wird dieser nicht entfernt, wird der Gestochene schon bald von weiteren Bienen angegriffen.

Für Menschen ist ein Bienenstich nur dann gefährlich, wenn sie gegen das Bienengift allergisch reagieren. Wenn empfindliche Stellen wie Schleimhäute oder Augen und Mund betroffen sind, sollte man nach einem Stich umgehend den Arzt aufsuchen.

Die Auswahl des geeigneten Standorts

Die geeignete Bienenbehausung muss dem jeweiligen Standort angepasst sein. Entscheidend ist neben dem lokalen Klima auch die Versorgung mit Trachten sowie die jeweilige Lage im Wohn- oder Außenbereich. Alle diese Faktoren bestimmen die Aufstellungsweise mit. Die Aufstellung des Bienenstocks im Freien erfordert eine andere Unterbringung als eine solche zum Wandern oder wiederum eine im Bienenhaus.

Je günstiger der Standort, umso gesunder und leistungsfähiger ist das Bienenvolk. Der Imker sollte sich also bei der Auswahl eines geeigneten Standortes viel Mühe geben und detaillierte Erkundigungen bezüglich des örtlichen Klimas, der vorhandenen Nahrungsquellen und der verschiedenen Möglichkeiten der Aufstellung einholen. Es sollten aber nicht nur die Bedürfnisse der Bienen berücksichtigt werden.

Wichtig für den Imker ist zum Beispiel auch, dass er den Standort gut und schnell erreichen kann. Gerade im Frühling und im Sommer fallen fast täglich Arbeiten am Bienenstock an. Zur Kontrolle und zur Versorgung seiner Bienenvölker sollte der Imker

daher keine langen Wege zurücklegen müssen. Wichtig ist auch, dass am Standort genügend Platz für Werkzeuge und Geräte ist, die der Imker für seine Arbeit benötigt.

Natürlich gilt es auch, die Bedürfnisse etwaiger Anwohner oder Grundstücksbesitzer zu berücksichtigen. Ein Hobbyimker darf seine Bienenvölker nicht einfach im Garten aufstellen. Dichtbesiedelte Wohngebiete erlauben keine Bienenhaltung. Außerdem fänden die Bienen hier auch nicht genug Ruhe. Generell gilt, dass die Grundstücksgröße zur Zahl der Bienenvölker passen muss. Geeignete Grundstücke für bis zu fünf Bienenvölker haben eine Mindestgröße von 800 qm, solche für zehn bis zwölf Bienenvölker müssen mindestens 1.000 bis 1.500 qm groß sein. Die Grenzabstände sollten dabei möglichst weit sein. Vorausgesetzt wird in jedem Fall, dass die Bienenhaltung von einem Fachmann durchgeführt wird.

Am ehesten geeignet für die Haltung von Bienenvölkern sind natürlich landwirtschaftliche Flächen. Hier ist das Nahrungsangebot größer als in Orten und Gemeinden. Außerdem lassen sich hier besser Konflikte mit Nachbarn vermeiden. Wer seine Bienenvölker in Naturschutzgebieten

oder in Landschaftsschutzgebieten aufstellen möchte, benötigt dazu übrigens eine gesonderte Genehmigung.

Stellt der Imker seine Beuten im Freien auf, so muss er darauf achten, wetterfeste Behausungen aus Holz oder Kunststoff zu wählen. Die Aufstellung im Freien ist nicht nur kostengünstiger, sondern bietet dem Imker auch die größtmögliche Flexibilität. Außerdem sind die Lichtverhältnisse beim Arbeiten besser als in einem Bienenhaus. Allerdings wird die Kontrolle der Beuten durch den Imker zu bestimmten Jahreszeiten durch Schnee und Regen erschwert. Werkzeuge und Geräte müssen zudem ständig hin- und hergetragen werden. Für den Jungimker ist diese Form der Bienenhaltung allerdings allein aus Kostengründen als Einstieg ideal.

Zur leichteren Bearbeitung stellt der Imker die Beuten im Freien in der Regel paarweise auf. So lassen sie sich leicht von allen Seiten bedienen. Gängig ist aber auch die so genannte Karree-Aufstellung, bei der jeweils vier Beuten mit unterschiedlicher Ausrichtung des Fluglochs im Quadrat aufgestellt werden. Auch hier lassen sich die Beuten bequem von der Seite her bearbeiten.

Der Bau eines Bienenhauses ist genehmigungspflichtig und kommt deshalb nur für den fortgeschrittenen Imker in Frage.

Das Klima am Standort

Der ideale Standort für eine Bienenbehausung ist windgeschützt und warm. Ist ein solch optimaler Standort nicht gegeben, kann der Imker einen anderen Standort durch eine entsprechende Bepflanzung mit Hecken und Sträuchern aber auch bienengerecht gestalten. Dabei sollte er jedoch darauf achten, dass das Flugloch des Bienenstocks im Idealfall nach Richtung Süden ausgerichtet ist.

Südhänge und Südwesthänge eignen sich besonders gut für die Aufstellung von Beuten. Kalte Flächen wie Senken oder Nordlagen, dunkle Waldränder oder Feuchtgebiete sind für die Bienenhaltung eher ungeeignet. Zu warm sollte der Standort allerdings auch nicht sein. Dann müssen die Bienen für die Wasserversorgung und Kühlung des Bienenstocks zu viel Energie aufwenden. Zu viel Wärme begünstigt auch die Schwarmneigung der Bienen.

Die Nahrungsquellen am Standort: die Trachten

Die Bienen bewegen sich in einem eingeschränkten Radius. In der Regel legen sie nicht mehr als dreihundert Meter zu den Nahrungsquellen zurück. Am günstigsten ist es, wenn die Trachten nur wenige Hundert Meter entfernt vom Bienenhaus lie-

gen. Dann können die Bienen die Trachten optimal nutzen. Als mäßige Trachtennutzung bezeichnet man Nahrungsquellen in einer Entfernung von etwa eineinhalb bis zwei Kilometer. Nur im Notfall nehmen die Bienen noch längere Wege bis zu drei Kilometer und mehr in Kauf.

Der Imker sollte bei der Auswahl des Standortes für die Beuten darauf achten, dass sich von Frühjahr bis Herbst ausreichende Nahrungsquellen in der Nähe befinden.

Dazu muss er nicht nur wissen, wann welche Trachten blühen, sondern auch in welcher Menge. Versorgungslücken muss er ansonsten aufwändig durch Zufütterungen überbrücken.

Der Imker muss also vor der endgültigen Entscheidung für einen Standort auch das gesamte Pflanzenvorkommen im Umkreis sondieren. Gerade immobile Beuten, die das ganze Jahr über an einem festen Standort stehen, sind auf eine ganzjährige Trachtenversorgung angewiesen.

Die Beurteilung der Trachtenqualität

Neben der Quantität und der Entfernung spielt aber auch die Qualität der Trachten eine große Rolle. Bringen die Trachten den gewünschten Ertrag, den das Volk benötigt? Haben sie dazu die idealen Voraussetzungen? Wie hoch liegen sie, wie sind die Bodenverhältnisse, wie das Klima und die Wasserversorgung? Alle diese Faktoren gilt es bei der Bewertung der Trachtenqualität zu berücksichtigen. Auch der eventuelle Konkurrenzdruck durch andere Bienenvölker muss dabei in Betracht gezogen werden.
In der Hauptsache aber muss der Imker wissen: Wann blühen die einzelnen Trachten?

Vortracht und Entwicklungstracht

Gerade nach dem Winter, wenn das Volk ausgehungert ist und schnell Nahrung benötigt, ist es wichtig, dass Trachten in unmittelbarer Nähe sind, die früh blühen. Weidenarten zählen beispielsweise dazu, aber auch Haselsträucher.
Die Vortracht oder Entwicklungstracht spielt bei der Entwicklung des Bienenvolkes Anfang des Jahres eine entscheidende Rolle. Der Imker sollte deshalb darauf achten, dass die frühen Trachten in unmittelbarer Nähe zum Bienenhaus stehen. Die Bienen sind nach dem Winter geschwächt und sollten nicht unnötige Energie für weite Flüge aufwenden müssen. Außerdem ist das Wetter in dieser Jahreszeit häufig noch kalt und nass. Die Bienen fliegen dann seltener aus. Damit ihre Nahrungsversorgung dennoch gesichert ist, sollte der Imker gegebenenfalls selbst ein paar Weiden oder Haselsträucher in der Nähe der Beuten anpflanzen.

Alle in Blüte stehenden Pflanzen bis zum Beginn der Kirschblüte werden als Entwicklungstracht oder Vortracht bezeichnet. Sie dauert bis Ende April. Genannt wird diese Tracht so, weil die Nahrungssuche der Bienen jetzt ausschließlich zur Ernährung von Volk und Brut dient. Die ersten Trachten im Jahr werden nicht oder nur zu einem sehr geringen Teil zur Gewinnung von Honig genutzt.

Neben Weide und Hasel werden jetzt auch Birke, Erle und Krokusse von den Bienen besucht. Es blühen außerdem Blaukissen, Buschwindröschen, Espe, Haselnuss, Huflattich, Pappel, Stachelbeere, Taubnessel, Ulme und Wildkirsche sowie Winterling und Zuckerahorn.

Frühtracht

Ergänzt wird die Nahrungsversorgung der Bienen ab Ende April durch Frühjahrstrachten wie Löwenzahn und Raps. Auch die Obstblüte beginnt nun. Im Mai stehen Apfel, Birne und Süßkirsche in voller Blüte. Sie liefern den Bienen besonders nahrhaften Pollen und Nektar in großer Menge.

Im Gegenzug werden die unzähligen Blüten der Obstplantagen von den Bienen bestäubt. Nur so können Obstwiesen große Erträge erwirtschaften. So wichtig wie die Obstbaumblüte im Frühling für das Bienenvolk ist, so wichtig sind auch die Bienen für den Fortbestand der Obstplantagen. Ökologisch wirtschaftende Landwirte wissen dies schon lange.

Als Frühtracht bezeichnet man alle Pflanzen, die im Zeitraum vom 1. bis 20. Mai blühen. Dazu zählen auch Ginster und Heidelbeere, Kastanie, Quitte, Schlehe und Zwergmispel.

Sommertracht

Im Sommer blühen die Massentrachten. Himbeere, Robinie, Klee, Linde, Sonnenblume, Heide und Phacelia, Edelkastanie und Ackersenf stehen nun in voller Blüte. Sie sorgen für eine ausreichende Versorgung des Bienenvolkes mit Pollen. Hinzu kommen die Honigtauerzeuger Fichte, Weißtanne, Kiefer, Ahorn und Linde.

Die Frühsommertracht blüht von Ende Mai bis weit in den Juni hinein. Alle vom 20. Mai bis zum 15. Juni blühenden Pflanzen werden als Frühsommertracht bezeichnet. Die Robinie spielt für die Bienen als Massentracht nun die wichtigste Rolle. Daneben besuchen sie die Blüten von Berberitze, Deutzie, Faulbaum, Habichtskraut und Heckenrose, Hederich und Weißdorn, aber auch Weißklee.

Später im Sommer wird sie dann von Linde und Sonnenblume, aber auch von Phacelia abgelöst. Die eigentliche Sommertracht umfasst den Zeitraum von Mitte Juni bis Mitte Juli. Nun blühen auch Brombeere und Bärenklau, Quendel, Schneebeere und Thymian sowie Vogelwicke, Waldweidenröschen und Wegwarte.

Spättracht

Die letzten Massentrachten blühen in den meisten Gegenden Deutschlands bis Mitte Juli. Danach folgen bis in den Oktober hinein weniger ertragreiche Spättrachten wie Buchweizen, Klee und Mais, aber auch Heidekraut. Ihr Angebot an Nektar und Pollen ist allerdings häufig unzureichend. Aus der Spättracht gewinnt der Imker in der Regel keinen schleuderbaren Honig mehr.
Die Bienen jedoch besuchen nun Borretsch, Dahlie und Efeu, Flockenblume, Distelblüten und Goldrute, Rudbeckie und Waldgamander sowie Kreuzkraut und Natternkopf, um Nahrungsvorräte für den Winter anzulegen.

Honigtautracht

Die Honigtautracht ist die einzige Tracht, die sich nicht genau auf einen Zeitraum festlegen lässt. Sie tritt von Jahr zu Jahr sehr unterschiedlich auf. Abhängig ist dies von den jeweiligen Baumarten. Honigtauhonig ist daher häufig auch teurer als Blütenhonig. Tanne, Kiefer, Lärche und Ahorn blühen nicht immer zum gleichen Zeitpunkt. Die Honigtautracht, auch Herbstaufbautracht genannt, blüht in einem Zeitraum zwischen Ende Mai und Ende September.

Die Wasserversorgung

Ein oftmals zu wenig berücksichtigter Faktor bei der Standortauswahl für die Beuten ist neben den Trachten auch die Versorgung der Bienen mit sauberem Wasser. Während der Bruttätigkeit, aber auch bei hohen Temperaturen im Sommer benötigen die Bienen Wasserquellen, die für sie leicht erreichbar sind. Gegebenenfalls kann der Imker durch das Aufstellen einer Bienentränke helfen.

Beuten und Bienenstock

Die Bienenhaltung unterscheidet sich in Deutschland sehr stark von Region zu Region. Am ehesten kann dies der Laie an den höchst unterschiedlichen Beuten, den Bienenunterkünften, erkennen. Die künstlichen Behausungen bestehen aus Holz oder Kunststoff, Stroh oder sogar Ton. Jede sieht anders aus, unterscheidet sich in Form, Größe und Rahmenformat von der nächsten. Für den Imker ist diese Vielfalt problematisch. Der erste Rat für den Imkeranfänger lautet daher: Sie sollten immer nur einen Typ Beute verwenden. So lassen sich die Rahmen untereinander austauschen und die Maße entsprechen immer einander.

Leider gibt jedes Bieneninstitut und auch so mancher Imkerverband sein eigenes Beutesystem heraus. Dennoch gibt es einige Anhaltspunkte, die dabei helfen, aus der großen Auswahl die richtige Beute für den eigenen Zweck herauszufinden. Man unterscheidet im Wesentlichen sechs Beutetypen. Grob gesprochen unterteilt man die Beuten in zwei Gruppen: in solche, die von hinten bedient werden, und in solche, die vom Imker von oben bearbeitet werden.

Am sinnvollsten schafft man sich Beuten an, die auch Imkerkollegen in der Nähe haben, so dass man sich gegebenenfalls auch mal etwas ausleihen kann.

Hinterbehandlungsbeuten

Als Hinterbehandlungsbeuten werden Beuten bezeichnet, bei denen der Imker von hinten Zugang zum gesamten Brutraum hat. Dabei kann er die Waben und den Brutraum an der Rückseite der Beute herausziehen. Hinterbehandlungsbeuten haben maximal drei Stockwerke, eignen sich also nur bedingt für einen Ausbau. Ein weiterer Nachteil ist, dass der Imker keine regelmäßige Schwarm-

kontrolle vornehmen kann, da die einzelnen Waben schlecht zugänglich sind. Außerdem benötigt er für die Hinterbehandlungsbeuten ein Bienenhaus. Die Arbeit an den Hinterbehandlungsbeuten ist für den Imker sehr beschwerlich. Er verrichtet sie überwiegend in gebückter Haltung.

Dennoch haben Hinterbehandlungsbeuten auch ihre Vorteile. So kann man als Imker sein Volk an der hinteren Wabe leicht kontrollieren und beobachten, ohne dabei die komplette Beute öffnen zu müssen. Die Beute lässt sich auch gut transportieren.

Hinterbehandlungsbeuten werden im deutschsprachigen Raum am häufigsten verwendet, werden aber auch hier zunehmend durch die leichter zu bearbeitenden Oberbehandlungsbeuten ersetzt.

Ein weiterer Grund für die Bevorzugung von Oberbehandlungsbeuten: Die für Hinterbehandlungsbeuten typischen Wabenmaße Kuntzsch oder Deutsch Normal Maß gelten mittlerweile als veraltet. Sie sind zu klein und zu unwirtschaftlich. Durch den geringen Platz in der Hinterbehandlungsbeute neigen die Bienen auch zum Schwärmen.

Für den modernen Imker überwiegen deshalb deutlich die Vorteile einer Oberbehandlungsbeute.

Oberbehandlungsbeuten

Wie die bekannten Magazinbeuten gehören auch die Lagerbeuten und die Trogbeuten zu den Oberbehandlungsbeuten, die vom Imker von oben her bearbeitet werden. Die Waben werden dabei etagenweise nach oben herausgezogen.

Als Materialien für die Oberbehandlungsbeuten werden neben Holz vorrangig Styropor oder auch PU-Schaum (Moltopren) eingesetzt. Sie sind besonders leicht und isolieren hervorragend. Alle Materialien können problemlos über Jahre eingesetzt werden.

Oberbehandlungsbeuten eignen sich anders als Hinterbehandlungsbeuten auch für die Aufstellung im Freien. Weltweit haben sie sich mittlerweile durchgesetzt, da sie als die wirtschaftlichste Form der Imkerei gelten.

Magazinbeuten

Heute wird in Deutschland die Magazinbeute am häufigsten verwendet. Der Grund dafür ist offensichtlich: Bei der Magazinbeute handelt es sich um eine modular aufgebaute Beute, die besonders flexibel einsetzbar ist. Alle Teile der Magazinbeute sind genormt und lassen sich kombinieren. Magazinbeuten sind mit oder ohne

Mittelwände erhältlich. Sie können frei aufgestellt werden und sind gut zu reinigen.

Die meisten Magazinbeuten werden aus Holz gefertigt. Sie bestehen aus Boden und Deckel sowie aus den Zargen. Zu einer Magazinbeute gehören ein oder zwei Brutzargen und eine oder mehrere Honigzargen. In jeder der Zargen hängen dabei ungefähr zehn Rähmchen. In diese Rähmchen wiederum bauen die Bienen ihre Waben. Für den Imker ist das sehr praktisch. So lassen sich die Waben nämlich auch einzeln herausnehmen.

Ist die Wabenausrichtung beziehungsweise der Wabengang quer zum Flugloch ausgerichtet, spricht man von einer Warmbauweise. Beim Kaltbau sind die Wabengassen in Längsbaustellung zum Flugloch gebaut. Bienen bauen in natürlicher Umgebung normalerweise im Kaltbau. Viele Imker arbeiten aber mit der Warmbauweise. Im Sommer hat die Kaltbauart den Vorteil, dass sich die Hitze nicht so staut und die Belüftung besser funktioniert. Die meisten Imker imkern wohl in der Kaltbauart, aber es gibt da sehr unterschiedliche Ansichten. Letztendlich konnte noch niemand bei den Bienen fragen, wie sie es am liebsten hätten.

Der Brutraum wird bei den Magazinbeuten meistens durch ein Gitter vom Honigraum abgetrennt. Ergänzend benötigt der Imker weitere Zargen für den Futterteig und das Flüssigfutter, die Zuckerlösung.

Ein großer Vorteil für den Imker ist die Tatsache, dass sich Magazinbeuten beliebig erweitern lassen. Er kann die Magazinbeuten außerdem problemlos selbst zusammenbauen. Allerdings ist das Gewicht der Zargen zum Teil ein Problem: Für die Bearbeitung der unteren Räume muss

der Imker die Zargen abnehmen oder aber kippen. Das ist manchmal sehr beschwerlich, da die Zarge schnell mal 20-30 kg wiegen kann, geht diese Arbeit schnell auf den Rücken. Daher bevorzugen ältere Imker auch gerne die Hinterbehandlungsbeuten.

Tipp: Zargen mit Griffmulden an allen Seiten lassen sich besonders leicht herausnehmen und sind bequem zu transportieren.

Lagerbeuten

Lagerbeuten haben im Wesentlichen die Vorteile der Magazinbeuten. Darüber hinaus gibt es einen weiteren Pluspunkt: Sie bieten besonders viel Platz. Selbst große Bienenvölker finden in Lagerbeuten ausreichend Raum.

Allerdings haben Lagerbeuten ein hohes Gewicht. Sie lassen sich daher nur mit viel Mühe verstellen. Außerdem ist die Arbeit mit den Einzelwaben sehr zeitintensiv.

Dennoch werden die Lagerbeuten von zahlreichen Imkern verwendet. Der Grund: Diese Beuten lassen sich besonders Kraft schonend bearbeiten, wenn sie dann einmal an ihrem festen Standort stehen. Bei Lagerbeuten befinden sich die Waben nämlich in einer Reihe hintereinander. Alle Waben sind von oben einzeln zugänglich. Von jungen Imkern werden die Lagerbeuten scherzhaft auch als Seniorenbeuten bezeichnet.

Imker, die mit Lagerbeuten arbeiten, schätzen zudem einen weiteren Vorteil: Das Brutnest wird bei der Bewirtschaftung einer Lagerbeute so gut wie nicht gestört.

Trogbeuten

Auch die Trogbeuten zählen innerhalb der Oberbehandlungsbeuten zu den Lagerbeuten. Sie erkennt man an dem langen Brutraum, der im Durchschnitt 15 bis 18 Waben fasst. Daneben enthält die Trogbeute einen kleineren Honigraum.

Boden und Waben sind bei der Trogbeute fest miteinander verbunden. Aus hygienischen Gründen wird dieser Typ der Beute deshalb heute fast nicht mehr verwendet. Ein weiterer Grund: Die Bienenhaltung in einer Trogbeute geht häufig einher mit einem stärkeren Varroa-Befall. Grund dafür ist die Verlängerung der Brutzeit aufgrund der Blockaufstellung.

Die Trogbeute hat einen weiteren Nachteil: Für starke Völker eignet sie sich nicht. Deshalb trifft man sie heute nur noch selten an.

Bienenkörbe

In der Lüneburger Heide findet man auch heute noch vorwiegend Strohbeuten, die typischen Bienenkörbe aus geflochtenem Roggenstroh. Sie gehören zu den ältesten Formen der Bienenbehausungen. Die Waben werden dabei ohne Rähmchen im Naturbau gebaut. Bienenkörbe haben keinen Boden. In Regionen mit kalter oder nasser Witterung werden sie zum Schutz häufig mit Lehm oder Ton angestrichen.
So schön sie auch aussehen, Strohbeuten haben für den Imker zahl-

reiche Nachteile. Sie lassen sich nicht vergrößern und eignen sich daher nicht für jedes Bienenvolk. Die einzelnen Waben sind nicht zugänglich und können auch nur mit großem Aufwand entnommen werden. Außerdem sind Krankheiten wie die Varroose nur schwer zu behandeln. In der Heideimkerei trifft man die Bienenkörbe jedoch immer noch an.

Klotzbeuten

Klotzstülper oder Klotzbeuten haben ihren Namen daher, weil für sie ein ausgehöhlter Baumstamm, ein Klotz also, verwendet wird. Früher waren diese Klotzbeuten nur von unten und oben zugänglich. Heute haben sie zumeist zusätzlich ein Türchen auf der Hinterseite. Klotzbeuten trifft man nur noch selten an. Sie sind für die hohen Ansprüche der modernen Imker zu unflexibel. Erstens lassen sie sich nicht an die Größe des Bienenvolkes anpassen, zweitens kann man sie so gut wie nicht erweitern und drittens sind sie sehr schwer. Auch hier gilt wie bei den Bienenkörben: Die einzelnen Waben sind für den Imker nicht kontrollierbar, weil sie nicht zugänglich sind.

Tonröhren

In Afrika und Asien findet man eine weitere Form der Bienenbehausung, die bei uns völlig untypisch ist. Hier wohnen die Bienen nicht selten in Keramikgefäßen oder Tonröhren, die sich von einer Seite her öffnen lassen. Verschlossen werden sie mit einem Deckel aus Holz oder Keramik. Tonröhren sind schwer und unhandlich. Sie lassen sich kaum bewegen und brechen leicht. Sie lassen sich auch nicht erweitern. Wird das Volk zu groß, muss es ausziehen.

Wabenmaße

Die verwendeten Rähmchen sind je nach Beute unterschiedlich groß. Sie lassen sich daher nur schwer untereinander austauschen. Irreführend ist zudem, dass gleiche Maße oft unterschiedliche Bezeichnungen haben. Außerdem gibt es verschiedene Namen für ein und das gleiche Maß.

Der Imker wählt am besten ein Wabenmaß, das in seiner Region häufig vorkommt. Dann bekommt er auch im Imkerei-Fachhandel leichter das benötigte Zubehör wie passende Rähmchen, Absperrgitter oder Honigschleudern. Eine weitere Überlegung betrifft die Kosten und die Handhabbarkeit der Waben. Sind sie zu groß, lassen sie sich gefüllt nur noch schwer tragen.

Bekannte Maße sind in Deutschland das Zandermaß, das Deutsch-Normal-Maß DNM, das Langstrothmaß, das bayerische Einheitsmaß, die österreichische Breitwabe, das Schweizermaß, Kuntzsch sowie Dadant original und Dadant modifiziert. Allein in Deutschland werden über 50 verschiedene Wabenmaße verwendet. Die Maße werden jeweils für die Fläche einer Wabe angegeben.

Sie betragen zum Beispiel bei

Deutsch-Normal-Maß (DN-Maß)
37,0 x 22,3 cm = 825 cm²

Zandermaß
42,0 x 22,0 cm = 924 cm²

Langstrothmaß
44,8 x 23,2 cm = 1040 cm²

Dadantmaß (modifiziert)
44,8 x 28,5 cm = 1277 cm²

Dadant original, Dadant Blatt
43,5 x 30 cm = 1305 cm²

Einheitsmaß (bayerisch)
37 x 26,6 cm = 984,2 cm²

Österreichische Breitwabe
42,6 x 25,5 cm = 1086,3 cm²

Schweizermaß
28,5 x 36,5 cm = 1040,3 cm²

Kuntzsch
33 x 25 cm = 825 cm²

Da die Waben von beiden Seiten bebrütet werden, muss die Fläche jeweils mit zwei multipliziert werden.

Für den Jungimker sind die unterschiedlichen Wabenmaße verwirrend. Deshalb an dieser Stelle eine Erklärung, woher die verschiedenen Maße eigentlich kommen.
Bis vor 50 Jahren wurde in Deutschland hauptsächlich die dunkle Nordbiene (Apis mellifera mellifera) gehalten. Sie bildet kleine Bienenvölker. Für ihre Bedürfnisse wurden das Deutsch-Normal-Maß und das Zandermaß entwickelt. Heute halten die Imker vorwiegend Carnica-Bienen oder Buckfast-Bienen. Sie bilden weitaus größere Völker, die daher zwei Brutzargen im alten Wabenmaß benötigen. Das ist unpraktisch und kostet den Imker in der Bewirtschaftung

viel Zeit. Daher hält man die Bienenvölker heute vermehrt im größeren Langstrothmaß oder Dadantmaß. Diese Maße haben einen weiteren Vorteil. Bei ihnen handelt es sich nämlich um international anerkannte und verwendete Maße. Rähmchen in diesen Maßen kann man also auch günstig im Internet erwerben. Moderne Magazinbeuten verwenden das Langstrothmaß beziehungsweise das Dadantmaß.

Wie wird eine Wabe vom Imker gebaut?

Reiner Honig entstammt ausschließlich sauberen, reinen Waben. Die Bienenwaben müssen deshalb durch den Imker regelmäßig erneuert werden. Im Sommer, wenn viel zu tun ist, hat der Imker keine Zeit neue Waben zu bauen.

Er nutzt daher in der Regel die ruhigen Wintermonate zum Bau neuer Waben. Nun kann er Beuten in Ruhe reparieren und neue Waben für die Sommermonate herrichten. Waben, die er im Herbst entnommen hat, werden nun gereinigt. Das Wachs wird aufbereitet. Der Imker laugt die Waben ab und repariert eventuell gelockerte Drähte der Rähmchen.

Ältere Waben werden komplett eingeschmolzen. Dazu verwendet der Imker im Spätsommer einen Sonnenwachsschmelzer oder später im Jahr einen Dampfwachsschmelzer. Auch bebrütete Waben sollten immer eingeschmolzen werden. Sie dürfen nicht gelagert werden.

Aus den eingeschmolzenen Waben gießt der Imker neue Mittelwände und setzt sie erneut ins Bienenvolk. Will der Imker diese Arbeit nicht selbst durchführen, kann er seine alten Waben auch zur Aufbereitung im Fachhandel abgeben und sie gegen

neue eintauschen. Die Bienen verwenden diese Wachswände und bauen aus ihnen neue Waben.

Wachs lässt sich aber auch ganz leicht selbst aufbereiten. Das eingeschmolzene Wachs wird auf 90°C erhitzt. Nun ist es flüssig. Zum Gießen von Mittelwänden verwendet der Imker eine wassergekühlte Gussform. In sie füllt er eine Kelle flüssigen Wachses. Nun drückt er den Deckel auf. Überflüssiges Wachs läuft heraus, das andere verfestigt sich. Schon nach einer Minute kann der Imker die neue Mittelwand entnehmen. Am besten lötet er sie noch lauwarm in die Rähmchen ein.

Hobbyimker leisten sich in der Regel keine eigene Gussform. Sie ist zu teuer. Manchmal jedoch schaffen Imkervereine eine Gussform an und stellen sie ihren Mitgliedern leihweise zur Verfügung. Erkundigen Sie sich doch einmal bei Ihrem Verein vor Ort.

Ein Problem bei der Aufbereitung von Bienenwachs und dem erneuten Verwenden für Mittelwände ist die Bekämpfung der Varroa-Milbe. Synthetische Mittel lagern sich nämlich dauerhaft im Wachs ab, weil sie fettlöslich sind. Imker in Deutschland verwenden daher fast nur noch alternative Mittel zur Bekämpfung der Varroose. Vorsicht walten lassen sollte man als Imker allerdings, wenn man aufbereitetes Wachs anderer Imker kauft. Ein geschlossener Wachskreislauf, in dem ausschließlich eigenes Wachs verwendet wird, ist daher ausdrücklich zu empfehlen.

Beobachten des Volkes

Zu den Aufgaben eines Imkers gehört es, das Bienenvolk ständig zu beobachten und regelmäßig zu kontrollieren. Dabei notiert er sich am besten bei jeder Kontrolle Besonderheiten und Details wie Aussehen, Verhalten, Krankheiten und Größe des Bienenvolkes. Dazu verwendet er eine so genannte Stockkarte.

Ein erfahrener Imker erkennt auf einen Blick, in welchem Zustand sich das Volk befindet.

Die Bienenbeobachtung

Im Laufe der Jahreszeiten fallen unterschiedliche Arbeiten an. Im Frühling ist die Beobachtung und Kontrolle eines Bienenvolkes durch den Imker besonders wichtig. Nach der Winterruhe beginnt der Imker etwa Mitte Februar wieder damit, regelmäßige Kontrollen seiner Bienen durchzuführen. Wie die Aufgaben des Imkers im Verlauf eines Jahres im Detail aussehen, lesen Sie in Kapitel 7 „DIE ARBEIT DES IMKERS IM JAHRESZYKLUS DER BIENEN".

Die Weiselprobe

Als Weiselprobe bezeichnet man alle Tätigkeiten des Imkers mit dem Ziel herauszufinden ob das Volk über eine Königin verfügt.

Dazu geht er folgendermaßen vor: Wenn keine aktuellen Stifte (Eier) oder junge Maden sichtbar sind hängt der Imker zur Weiselprobe Brutwaben aus einem anderen Volk ein. In diesen Brutwaben sollten sich bereits erste Brutstadien befinden. Diese Waben kennzeichnet er und kontrolliert nach eineinhalb Wochen, ob sich dort bereits Nachschaffungszellen gebildet haben. Ist das der Fall, ist dies der Beweis dafür, dass dem Testvolk die Königin fehlt.

Nun hat der Imker zwei Möglichkeiten. Er kann die Brutzellen in dem Testvolk belassen. Dann wird das Volk in ihnen eine neue Königin heranziehen. Handelt es sich aber um ein stark geschwächtes oder von Krankheit gebeuteltes Volk, so sollte er es besser mit einem gesunden, kräftigen Bienenvolk vereinigen. Doch das geht nur, wenn noch keine Drohnenbrut im Stock vorhanden ist, also wenn das Volk seine Königin erst vor kurzem verloren hat. Mehr zum Thema Weiselprobe und Völkerführung erfahren Sie auch in Kapitel 7 „DIE ARBEIT DES IMKERS IM FRÜHLING".

Die Völkerführung

Ein Imker muss sein Volk nicht nur regelmäßig beobachten und kontrollieren, sondern er muss auch steuernd eingreifen. Das bezeichnet man auch als Völkerführung. Zur Völkerführung gehören die Anpassung der Behausung an die Größe des Bienenvolkes ebenso wie die Bekämpfung von Krankheiten, die Wintereinfütterung und die Schwarmverhinderungsmaßnahmen. Lesen Sie in Kapitel 7

„DIE ARBEIT DES IMKERS IM FRÜHLING" und in Kapitel 8 „DIE ARBEIT DES IMKERS IM SOMMER" mehr darüber, was in den arbeitsreichen Monaten von Frühjahr und Sommer zu tun ist.

Die Gewinnung von Honig

Das Ziel eines jeden Imkers ist die Honigernte. Um Honig zu gewinnen, muss der Imker seinen Bienen zuerst einmal eine Behausung bieten. Dazu verwendet er je nach Region und persönlicher Präferenz Beuten oder Bienenstöcke. In Kapitel 3 „DIE PRODUKTE DER BIENEN" erfahren Sie, woraus der Honig besteht und wie der Imker ihn herstellt. Kapitel 8 „DIE ARBEIT DES IMKERS IM SOMMER" beschreibt dann genau, wie man Honig erntet und verarbeitet.

Wintereinfütterung

In der kalten Jahreszeit muss der Imker zufüttern, damit die Bienen ausreichend Nahrung haben und kräftig genug sind, um den Winter zu überstehen. Außerdem füttert der Imker Zucker zu, wenn er den Honig erntet. Die Zuckerlösung wird von den Bienen als Ersatznahrung akzeptiert und weiter verarbeitet. In Ergänzung zum Pollenvorrat bildet sie dann die Grundlage für die Ernährung des Volkes und seiner Brut. Wenn Sie wissen möchten, wie Sie als Imker sicherstellen, dass Ihre Bienen gut über den Winter kommen, lesen Sie Kapitel 9 „DIE ARBEIT DES IMKERS IM HERBST". Hier sind alle wichtigen Tätigkeiten detailliert beschrieben, die das Bienenvolk sicher über den Winter bringen.

Die Bekämpfung von Krankheiten

Eine wichtige Aufgabe des Imkers ist auch die Bekämpfung von Krankheiten in seinem Bienenvolk. Parasiten und Milben, aber auch Pilze sind die häufigste Ursache für eine Dezimierung des Volkes. Hier muss der Imker schnell einschreiten. Dies gilt insbesondere dann, ist das Bienenvolk von Varroose oder Nosemose befallen.

Dem Veterinäramt gemeldet werden muss die Amerikanische Faulbrut, die in Deutschland als Seuche eingestuft ist. Kapitel 6 „DIE KRANKHEITEN DER BIENE" ist daher für jeden Imker besonders wichtig. Sie sollten die wichtigsten Krankheiten der Bienen erkennen und auch wissen, wie sie zu behandeln sind.

Die Schwarmverhinderung

Wächst das Volk nach dem Winter im Frühjahr erneut stark an, muss der Imker den Bienen rechtzeitig mehr Platz zur Verfügung stellen oder aber Ableger, also neue Völker, bilden.

In den Monaten Mai und Juni schwärmen die Bienen vermehrt und reduzieren das Sammeln von Pollen und Nektar. Dies versucht der Imker zu verhindern, da er auf einen möglichst reichen Ertrag an Honig aus ist. Wie er das tut, erfahren Sie in Kapitel 8 „DIE ARBEIT DES IMKERS IM SOMMER".

Die Rolle des Imkers als Bestäubungsimker

Neben seinen eigentlichen Tätigkeiten in der Bienenhaltung und Bienenzucht wird die Rolle des Imkers in der Agrarwirtschaft immer wichtiger. Der Imker arbeitet vermehrt auch als Bestäubungsimker.
In unseren Nachbarländern gibt es

zum Teil schon eine gesonderte Ausbildung dafür. Hier hat man nicht nur erkannt, dass die Bestäubung der Nutzpflanzen ohne Bienen gar nicht mehr denkbar wäre, sondern auch gehandelt. Auch in der ehemaligen DDR war der Bestäubungsimker sehr gut organisiert. Die LPG´s haben die Bienenwagen und die Bienenbeuten von Nord nach Süd und wieder zurück transportiert. So einiges davon hätten unsere Westdeutschen Bauern gut übernehmen können.

Die Agrarwirtschaft in Deutschland berichtet bereits von Problemen: Ohne intensive Bestäubung durch Bienen fällt zum Beispiel die Rapsernte um ein Drittel niedriger aus. Forschungsprojekte haben nun die Aufgabe, dies genauer zu untersuchen.

Wussten Sie das? Vier von fünf Blüten in Deutschland werden von Bienen bestäubt. Obst- und Gemüseanbau sind auf die Bestäubung durch die Bienen angewiesen, wollen sie hohe Erträge erzielen. Die Rolle des Bestäubungsimkers gewinnt daher zunehmend an Bedeutung.

Vereinigungen der Bestäubungsimker in Deutschland sehen ihre Aufgabe darin, über die Schlüsselfunktion der Bienen in der Landwirtschaft verstärkt zu informieren und interessierte Imker zum zertifizierten Bestäubungsimker auszubilden. Diese arbeiten dann in Zusammenarbeit mit Saatgutzüchtern und Landwirten an der gezielten Bestäubung von Nutzpflanzen durch Bienen.

Was aber muss der Bestäubungsimker dazu wissen und wie geht er vor? Ausgebildete Bestäubungsimker sind in der Regel erfahrene Imker, die wissen, wie sie ihre Bienenstöcke auch bei ungünstiger Witterung aufstellen müssen, um eine Bestäubung zu gewährleisten. Sie kennen auch

die effektive Bestäubungsperiode einer jeden Pflanze. Als solche wird der optimale Zeitabschnitt für eine Bestäubung bezeichnet. Der Bestäubungsimker hat aber auch biologische Kenntnisse, zum Beispiel darüber, wie viele Stempel eine Pflanze hat. Die Anzahl der Stempel bestimmt nämlich auch die Dauer der Bestäubung. So müssen die Bienen eine Erdbeerblüte beispielsweise mehrfach besuchen, damit wirklich alle Stempel bestäubt werden. Manche Erdbeersorten haben pro Pflanze bis zu 180 Stempel.

Wie aber kalkuliert man als Imker die Anzahl der benötigten Bienen? Erfahrungswerte belegen, dass eine Apfelplantage mit etwa zwei Bienenvölkern bestäubt werden kann. Im Schnitt kalkuliert man ein Bienenvolk pro Hektar landwirtschaftlicher Fläche. Je nach Intensität der Bewirtschaftung können es aber auch bis zu acht Völker sein, die pro Hektar zur Bestäubung erforderlich sind. Die Völker sollten dabei mindestens je 20.000 Bienen umfassen. In Zweier- oder Vierergruppen verteilt der Imker diese dann im Abstand von jeweils etwa 400 Metern über das Feld. Aufgestellt werden die Beuten zu Beginn der Blüte.

Wer als zertifizierter Bestäubungsimker arbeitet, weiß, wie er seine Völker aufzustellen hat, welcher Bestäubungszeitraum bei welcher Tracht optimal ist und welche Kulturen sich am besten für die Bestäubung durch Honigbienen eignen. Er hat Kenntnisse darin, wie er die Bestäubungsleistung seiner Bienen auch bei ungünstiger Witterung maximiert und wie die Anzahl der bestäubten Blüten erhöht werden kann. Der Landwirt hat es hier also mit einem ausgebildeten Fachmann zu tun, der sein Handwerk versteht und dafür auch eine entsprechende Entlohnung verlangen kann.

Die Realität sieht leider anders aus: Noch immer ist die Vergütung in der Regel dem Verhandlungsgeschick des einzelnen Imkers überlassen. Angestrebt werden muss in Deutschland deshalb dringend eine standardisierte Entlohnung des Imkers in angemessener Höhe. Bisher ist er auf die willkürlichen und freiwilligen Beiträge der einzelnen Landwirte angewiesen, wie schon in Kapitel 1 erwähnt, mit unterschiedlichem Ergebnis. Andere Länder sind da weiter. In den USA beispielsweise gibt es eine so genannte Bestäubungsprämie von 50 US Dollar pro Bienenvolk. Manche Imker bestreiten mit ihrer Tätigkeit als Bestäubungsimker dort sogar schon ihren Lebensunterhalt.

Die Empfehlung der Imkervereinigungen lautet daher: Der Imker sollte die Eckpfeiler seiner Bestäubungstätigkeit auf jeden Fall vorher regeln, da eine gesetzliche Regelung in Deutschland bislang fehlt. Unter anderem muss er vertraglich festlegen, welche Leistungen von ihm erbracht werden, wie die Kontrollen durchgeführt werden und welche gesetzlichen Auflagen erfüllt werden müssen. Er muss auch die Preise für seine Dienstleistung festlegen. Momentan kann der Imker in Deutschland für seine Tätigkeit als Bestäubungsimker etwa 50 Euro pro Volk verlangen. Hinzu kommen die Fahrtkosten.

Der eigentliche Wert für die Landwirtschaft ist jedoch viel höher. Hinzu kommen weitere Faktoren, die in die wirtschaftliche Kalkulation bisher noch nicht einfließen. Festgestellt hat man nämlich, dass die Bestäubung durch die Biene weitere wichtige Auswirkungen auf die Pflanze hat. So duftet Lavendel viel intensiver, wenn er von Bienen bestäubt wird.

Die Rolle der Bienen in der intensiven Landwirtschaft wird immer wichtiger. Die Anzahl der Bienenvölker jedoch nimmt stetig ab. Höchste Zeit, gegenzusteuern. Die Imkerei ist nicht nur ein schönes Hobby, der Bestäubungsimker erfüllt auch eine wichtige gesellschaftliche Aufgabe. Das Land braucht dringend neue Imker. Wie wär's? Im Imkerverein vor Ort können Sie Ihr neues Hobby unter Anleitung ausprobieren. Spaß garantiert!

Wenn Sie mit der Imkerei bereits begonnen haben, möchte ich Sie motivieren mit Ihren örtlichen Bauern zu sprechen. Sie können ruhig selbstbewusst an die Sache rangehen. Verkaufen Sie sich nicht unter Wert. Zeigen Sie Vorteile und den höheren Ertrag für den Bauern auf. Viele Landwirte wissen nicht, was für einen Stellenwert die Bienen haben. Wirklich! Sie haben sich nicht verlesen, die Landwirtschaft kennt sich bald besser mit Chemie als mit der Biologie aus.

Versuchen Sie dies zu ändern, klären Sie auf und gewinnen Sie neben dem Honig eine zusätzliche Einnahmequelle. So wird die Imkerei auch profitabel und über diesen Weg wird es dann auch mehr Imker geben, wenn die Sache nicht nur Spaß macht, sondern auch ein paar Euro übrig bleiben.

Unsere Lebensmittelindustrie bekommt wieder saubere und essbare Produkte. Von Dioxin und Co haben wir Verbraucher genug. Wir wollen gesund leben und nicht durch die Habgier einiger „Vergifter" krank werden.

Da die Biene bereits seit Jahrhunderten vom Menschen als Nutzinsekt eingesetzt wird, haben wir eine gute Kenntnis ihrer Krankheiten und können sie so auch effektiv bekämpfen.

Manchmal ist eine Krankheit aber auch nur der Tropfen, der das Fass zum Überlaufen bringt. Viele andere Faktoren tragen dazu bei, dass ein Bienenvolk geschwächt ist oder den Winter nicht übersteht. Dazu gehören Umweltfaktoren, Wetterbedingungen, Pflanzenschutzmittel, zum Teil aber auch gentechnisch verändertes Saatgut oder Probleme mit der Trachtversorgung. Höchst unterschiedlichste Gründe dafür, dass es einem Volk nicht gut geht.

Kommt dann noch ein Erreger hinzu, kann dies der Auslöser sein für außergewöhnliche Verluste. Nicht immer also ist es die Schwere einer Krankheit, die zum Aussterben eines Volkes führt. Manchmal ist es auch einfach eine unglückliche Verkettung von unterschiedlichen Faktoren.

Die bekanntesten Bienenkrankheiten werden durch unterschiedliche Erreger ausgelöst. Neben Bakterien, Milben und Parasiten gelten Pilze und Viren als die wichtigsten Schädlinge.

Bakterienerkrankungen

Die Amerikanische Faulbrut

AFB oder die Amerikanische Faulbrut ist eine Bakterienerkrankung, die die Brut befällt. Die Krankheit befällt insbesondere die Larvenstadien der Bienen.

In Deutschland ist die Amerikanische Faulbrut als Seuche eingestuft, hier besteht Meldepflicht. Schon beim Verdacht auf AFB muss der Amtsarzt informiert werden. Er richtet dann im Umkreis von einem Kilometer ein Faulbrut Sperrgebiet ein.

Leider ist die Amerikanische Faulbrut sehr häufig. Sie ist stark ansteckend und tritt nicht nur in Deutschland, sondern weltweit bei Bienenvölkern auf. Behandeln lässt sich die Seuche nicht. Erkrankte Völker werden daher in der Regel getötet. Ein Problem dabei ist, dass der Erreger Sporen bildet, die im Futtersaft enthalten sind und somit von der Ammenbiene an die Larve verfüttert werden. Sterben die Larven dann, reinigen die Ammenbienen ihre Zellen und infizieren sich dabei selbst mit dem Bakterium. Ein tödlicher Kreislauf beginnt: Auch die nächste Brut wird von ihnen dann mit verseuchtem Futtersaft gefüttert. So setzt sich die Erkrankung fort und verschlimmert sich immer weiter.

Den Wissenschaftlern war die Krankheit der Amerikanischen Faulbrut lange ein Rätsel, weil sich bei Bienen, die diese Symptome aufwiesen, zum Teil kein Erreger nachweisen ließ. Somit wurde das Volk auch nicht als von der Seuche betroffen eingestuft und verbreitete den Erreger weiter. Mittlerweile weiß man, dass auch verwandte Erreger die Krankheit auslösen, die bisher als harmlos eingestuft waren.

Der Imker kann der bösartigen Faulbrut nur begegnen, indem er regelmäßig Futterkranzproben nimmt und zur Analyse einschickt. So lässt sich die AFB schon im Anfangsstadium erkennen. Doch ein Vorkommen von Sporen heißt nicht in jedem Fall, dass die Krankheit auch zum Ausbruch kommt.

Erst wenn sich Symptome wie schleimige Zellen zeigen, ist es gewiss: Das Bienenvolk ist von AFB befallen. Nun erst greift der Imker zu Maßnahmen, desinfiziert die Beute und bildet Kunstschwärme, um ein Aussterben des gesamten Volkes zu verhindern. Alle bebrüteten Waben jedoch muss er schnellstmöglich vernichten, um die Ausbreitung der Amerikanischen Faulbrut zu verhindern.

In anderen Ländern begegnet man der Krankheit auch mit Antibiotika. Dies ist aber nur eine unzureichende Maßnahme, verhindert sie doch nicht nachhaltig die Weitervermehrung des Bakteriums. Lediglich während seiner Wachstumsphase wird das Bakterium auf diese Weise vernichtet.

Eine peinlich genaue Hygiene ist für jeden Imker die wichtigste Vorbeugung gegen die Amerikanische Faulbrut, aber auch generell gegen alle Bienenerkrankungen.

Milbenerkrankungen

Die Varroose

Eine weitere gefährliche Krankheit bei Bienenvölkern ist die Varroose. Sie wird von einer kleinen, nur 1,6 Millimeter großen Milbe übertragen, einem Spinnentier mit acht Beinen. Sie ist ein Parasit und siedelt ähnlich wie ein Blutegel auf der Biene.

Der Imker kann sie bei genauem Hinsehen mit dem bloßen Auge erkennen. Warum jedoch ist diese kleine Milbe für die Biene gefährlich? Ganz einfach: Die Varroa-Milbe saugt nach und nach die Haemolymphe aus ihrem Wirt. Die Folge: Die Biene wird schwach und schließlich flugunfähig.

Verbreitet wird die Varroose durch Sammelbienen, die sich verirren und in einem fremden Bienenstock landen, aber auch durch Räuberei. Die Bienen spüren nämlich, wenn ein anderes Volk schwach ist und rauben ihm seinen Honig. Manchmal werden auch Wächterinnen von fremden, schwachen Bienen mit Honig bestochen und gewähren ihnen dann Einlass. Auch auf diesem Wege verbreitet sich die Varroa-Milbe von Stock zu Stock. Zum Teil trägt aber auch der Imker zur Verbreitung der Varroose bei, zum Beispiel dann, wenn er unwissentlich befallene Waben in ein anderes Volk stellt.

Die Vermehrung der Varroa-Milbe findet aber nicht auf der Biene, sondern in der Brut statt. In den verdeckelten Zellen kann sich die Milbe in aller Ruhe entwickeln. Zusammen mit der Biene verlässt sie diese dann. Zuvor jedoch hat sie schon an deren Haemolymphe gesaugt und dabei den Flügeldeformationsvirus übertragen. Der Imker erkennt den Befall ganz leicht: Die frisch geschlüpften Bienen haben verkrüppelte Flügel. Das Tückische: Von den befallenen Bienen weisen nur etwa zehn Prozent die Deformation auf. Die anderen sind äußerlich unauffällig und übertragen das Virus somit weiter. Nur bei regelmäßiger Beobachtung kann der Imker diese Deformationen bemerken. Die Bienen selbst beseitigen ihre verkrüppelten Artgenossen ansonsten nämlich ziemlich schnell. Manchmal finden sich in einem solchen Fall besonders viele tote und verhungerte Bienen vor dem Flugloch. Sie werden von ihren gesunden Artgenossen dort entsorgt. Noch ist nicht geklärt, ob sie letztendlich verhungern oder an dem Virus selbst eingehen.

Die Behandlung der Varroose

Es gibt verschiedene Methoden, die Varroose zu bekämpfen. Dazu kommen Ameisensäure, Thymol, Oxalsäure, Milchsäure oder eine rein biologische Bekämpfung in Betracht.

Zur Langzeitbehandlung setzt der Imker in der Regel 60prozentige Ameisensäure ein, die über einen Dispenser verdunstet wird. Junge Königinnen reagieren auf Ameisensäure jedoch oft empfindlich. Bei einer Behandlung mit Ameisensäure kann es daher zu Verlusten kommen. Hat der Imker es mit einem von Varroose befallenen Jungvolk zu tun, sollte er die Verdunstungsmenge daher reduzieren. Die verdunstete Menge pro Tag sollte dann acht bis zehn Milliliter nicht überschreiten.
Neben Ameisensäure verwendet der Imker auch Thymol. Thymol ist sehr günstig und wird deshalb vom Imker gerne zur Bekämpfung der Varroa-Milbe eingesetzt. Es ist in Pulverform erhältlich. Auch Thymol wird verdunstet. Auf jedes voll besetzte Rähmchen verteilt der Imker dazu 0,25 g Thymolpulver. Innerhalb einer Woche wiederholt er die Behandlung etwa vier bis fünf Mal. Der Imker sollte während des Behandlungszeitraums die Beute so wenig wie nötig öffnen. Die Thymoldämpfe reizen nämlich die Schleimhäute. Er sollte auch vermeiden, die Dämpfe einzuatmen. Rückstände der Behandlung gibt es nicht, wenn diese im zeitigen Frühjahr beziehungsweise im Spätsommer oder Herbst durchgeführt wird.

Eine Behandlung mit Oxalsäure ist nur dann möglich, wenn keine Brut im Stock ist. Eingesetzt wird sie daher fast ausschließlich in den Wintermonaten November und Dezember. Oxalsäure wird in Zuckerlösung gelöst und mittels einer Spritze auf die Waben und Bienen verteilt. Die Behandlung wird nur ein Mal durchgeführt. Bei schwachen Völkern ist eine Behandlung mit Oxalsäure weniger empfehlenswert. Da die Säure toxisch wirkt, kann es hier zu größeren Verlusten kommen. Oxalsäure ist eine natürliche Säure, die auch im Honig nachgewiesen werden kann. Rückstände hinterlässt die Behandlung nicht.

Im Oktober und November bevorzugen viele Imker eine Behandlung der Varroose mit Milchsäure. Auch hier ist Voraussetzung, dass keine Brut im Stock vorhanden ist. Die Behandlung sollte bei Außentemperaturen von 5 bis 10°C erfolgen. Dann ist sie am wirksamsten. 15prozentige Milchsäure wird nun mit einem Handzerstäuber ähnlich einer Blumenspritze auf den Rähmchen verteilt. Je fünf Milliliter sollten auf jede einzelne Wabenseite aufgebracht werden. Der Imker muss dabei besonders sorgfältig vorgehen und darauf achten, wirklich alle Bienen zu besprühen. Die Behandlung mit Milchsäure wird innerhalb einer Woche erneut wiederholt. Achtet der Imker darauf, dass die Bienen durch die Behandlung nicht schwarz werden, gibt es in der Regel keine Nebenwirkungen. Milchsäure ist ein natürliches Produkt und lagert sich auch nicht in Honig oder Wachs an. Von Varroose befallene Kunstschwärme und Schwärme lassen sich auf diese Weise am besten behandeln.

Bioimker behandeln die Varroa-Milbe mit rein natürlichen Methoden. Sie wissen, dass sich die Zahl der Milben im Bienenstock etwa sieben Mal im Jahr verdoppelt. Sind also anfangs nur 100 Varroa-Milben im Volk, sind es am Ende des Jahres rein rechnerisch etwa zehn Mal so viele. Das ist eine Belastung für das Volk, gerade in den Wintermonaten. Der Imker versucht daher, nach Trachtende möglichst schnell den Honig zu ernten und zu verarbeiten. Danach kann er mit der Behandlung der Varroose beginnen. Das geht folgendermaßen: Er reduziert das Volk im August auf ein, maximal zwei Magazine und behandelt die Waben mit Ameisensäure. Dazu befeuchtet er doppellagiges Zeitungspapier oder ein Spülschwamm mit der Säure und legt es unten und oben auf die Rähmchen. Vier Tage in Folge verfährt der Imker so. Im September wiederholt er die Behandlung dann noch einmal. Gegebenenfalls kann die Behandlung auch erneut im Oktober erfolgen. Meistens ist dies jedoch nicht mehr erforderlich. Zur Vorbeugung kann der Imker das Volk nun noch einmal mit Milchsäure besprühen. Milchsäure eignet sich auch im Frühjahr zur Behandlung, allerdings nur dann, wenn noch nicht zu viel verdeckte Brut im Stock vorhanden ist.

Die Bildung von Ablegern ist eine weitere biologische Maßnahme zur Verhinderung eines Varroabefalls bei Bienen. Häufig vernichten Bioimker auch die gedeckelte Drohnenbrut. Auch damit lässt sich die Ausbreitung der Varroose wirkungsvoll verhindern.

Die Acariose

Die Acariose oder Acarapiodose ist eine von Milben ausgelöste Erkrankung der Tracheen. Durch sie wird die Atmung der Biene beeinträchtigt. Die nur 0,1 Millimeter großen Milben leben in den Luftröhren der Biene. Hier ernähren sie sich von Haemolymphe, also von dem Blut der Bienen, das sie aus den Tracheen saugen. Die Milben hinterlassen dabei in den Luftröhren einen giftigen Speichel.
Dieser Speichel führt bei der Biene schließlich zu einer Blutvergiftung. Die Bienen werden schwächer und schwächer und können bald nicht mehr fliegen. In Österreich und der Schweiz ist die Acariose deshalb bereits als meldepflichtige Krankheit beziehungsweise Seuche eingestuft.

Der Imker erkennt das Krankheitsbild der Acariose an verschiedenen Symptomen. Zum einen kann es vorkommen, dass befallene Bienen im Winter aus dem Stock ausfliegen, selbst dann, wenn die Temperaturen niedrig sind. Das ist ein Alarmzeichen für den Imker. Im Februar sieht er bei den ersten Reinigungsflügen dann auch vermehrt flugunfähige Bienen am Flugloch oder Bienen, die ihre Flügel nicht mehr symmetrisch spreizen können. Verzeichnet ein Volk nach dem Winter übermäßig viele tote Bienen und ist das Volk allgemein sehr unruhig, muss der Imker von einem Milbenbefall ausgehen. Manchmal brüten infizierte Völker auch im Winter und schwächen damit das ganze Volk, so dass die Überlebenschancen des Bienenvolkes bis zum Frühling sinken.

Regenreiche Sommer und eine geringe Brut tragen zur Ausbreitung der Milbe bei.

Übertragen wird sie auch durch Räuberei oder durch verirrte Bienen. Manchmal kauft der Imker auch ein bereits befallenes Volk, das noch keine der Symptome aufweist. Erst später tritt dann die eigentliche Krankheit auf. Häufig ist die Acariose auch Folge einer anderen Erkrankung. Ist das Volk durch Ruhr, Nosemose oder Viruserkrankungen geschwächt, ist es auch für Milbenkrankheiten anfälliger.

Die beste Vorbeugung gegen die Erkrankung bietet ein großes Trachtenangebot. Es führt dazu, dass die Bienen viel brüten. Eine gesicherte Versorgung mit Pollen trägt zudem dazu bei, dass sich das Volk gut entwickelt und dass es robust und gesund bleibt. Der Imker sollte auch darauf achten, dass nicht zu viele alte Bienen im Volk sind. Überalterte Bienen sind anfälliger für Milbenerkrankungen.

Wie bei manchen Pilzkrankheiten, zum Beispiel der Sackbrut, ist auch bei Milbenerkrankungen wie der Acariose in leichten Fällen eine Selbstheilung möglich.

Erkrankungen durch Parasiten

Nosema, Nosemose und Nosematose

Sie alle sind Bezeichnungen für die gleiche Krankheit: für die von dem Darmparasiten Nosema, einer Jochpilzart, ausgelösten Erkrankung bei erwachsenen Bienen.

Eine eher harmlose Form von Nosemose ist bei der europäischen Biene Apis mellifera schon lange bekannt, die Nosema apis. Ihre Sporen finden sich in fast allen Völkern, führen aber nicht zwangsläufig zum Ausbruch der Krankheit.

Nun aber taucht eine aggressive neue Form der Nosemose auf, die ihren Ursprung in Asien hat. Dieser neue Darmparasit Nosema ceranea lässt sich nicht wie die bisherige Variante vom Imker in den Griff bekommen. Die befallenen Völker leiden nicht an Durchfall, sondern auffällig häufig an schweren Schädigungen des Darms. Befallen werden vorwiegend Sammelbienen. Die Krankheit tritt zu allen Jahreszeiten auf.

Das Verbot von Antibiotika und Antiinfektiva erschwert die Behandlung darüber hinaus zusätzlich. Heute sind nur noch natürliche Behandlungsmethoden erlaubt, die keine Rückstände im Honig hinterlassen. Langfristig haben die Imkerverbände deshalb das Ziel, eine resistente Biene zu züchten. Ob dies gelingen wird, wird sich erst in Zukunft zeigen. Bei der Züchtung einer Varroose-resistenten Biene ist man schon sehr weit. Bei der Nosematose liegt der Weg noch vor uns. Eingeschleppt wurde die neue Form der Nosemose übrigens durch den Handel mit Bienen. Ein Problem dabei ist, dass man selbst Bienen heutzutage über das Internet bestellen kann. Auch wenn der Handel mit Königinnen und Bienenvölkern mittlerweile untersagt ist, so wird das Verbot doch regelmäßig umgangen. Das führt zu neuen Krankheitserregern und Krankheiten, die wir noch nicht kennen oder für die wir noch keine Gegenmittel haben. Der Bienenimport birgt daher eine große Gefahr.

Der Imker sollte daher nur Bienenvölker mit einem gültigen Gesundheitszeugnis erwerben. Es empfiehlt sich, heimische Rassen zu bevorzugen. Erkundigen Sie sich zuerst bei Ihrem örtlichen Imkerverein, ob Sie dort Bienenvölker kaufen können oder besuchen Sie eine regionale Bienenbörse.

Pilzkrankheiten

Steinbrut und Kalkbrut

Pilzkrankheiten oder Mykosen wie die Steinbrut oder Kalkbrut werden vorwiegend über das Futter verbreitet. Hier siedeln sich Pilzsporen an wie Ascosphaera apis, der Verursacher der Kalkbrut.

Besonders schwache Völker sind bei nasskalter Witterung von ihr betroffen. Der Imker erkennt den Pilzbefall daran, dass die Brut von einem weißen Pilzfadengespinst eingewoben ist. Die Larven sehen wie kleine, weiße Mumien aus. Schüttelt der Imker die Brutwaben ein wenig, klappert es darin.

Allen Pilzkrankheiten ist nämlich eines gemein: Die von Pilzsporen umsponnenen Maden verhärten. Sie erstarren zu kleinen Mumien. Deshalb wird eine solche Brut auch als Hartbrut bezeichnet. Das Gegenteil davon ist die Faulbrut.

Der Imker erkennt die Kalkbrut meist schon am Flugloch. Hier findet er vermehrt eingetrocknete Streckmaden, die von den Bienen dort abgelegt wurden. Mumifizierte Maden befinden sich aber daneben auch in den Brutzellen. Auffällig ist ein lückenhafter Brutbestand. Die Kalkbrut befällt übrigens in der Hauptsache Drohnenbrut, fast ebenso häufig aber auch die Brut der Arbeitsbienen. Selbst Königinnenmaden können an Kalkbrut erkranken.

Die Steinbrut unterscheidet sich von der Kalkbrut. Hierbei sind die Maden fest in die Zellen eingesponnen und können kaum herausgelöst werden. Die Arbeitsbienen, die die erkrankte Brut vergeblich zu entfernen versuchen, überziehen sie deshalb mit einer Schicht Kittharz. Der Auslöser für die Steinbrut ist der Erreger Aspergillus flavus.

Ein Problem ist, dass die Pilzsporen beider Erreger äußerst widerstandsfähig sind. Bis zu 15 Jahre können sie überleben. Betroffene Waben und Futtervorräte sollte der Imker daher sicherheitshalber vernichten. Honig aus diesen Waben darf auf keinen Fall weiterverfüttert werden.

Hilfreich ist bei Pilzkrankheiten manchmal auch eine Umweise-lung oder die Bildung eines Kunstschwarms in neuen Waben. Zur Vermeidung von Pilzkrankheiten sollte der Imker darauf achten, seine Beuten auf trockenen, warmen Standorten aufzustellen.

Viruserkrankungen

Bienenviren sind leider immer noch ein relativ wenig erforschtes Gebiet. Die meisten Viren, die Bienen befallen, sind so klein, dass sie aus einem einfachen RNS-Strang bestehen, den sie in die Zellen einbauen. Auf diese Weise vermehren sich die Viren in der Biene. Sie sind im Durchschnitt maximal 40 Nanometer, das sind Millionstel Millimeter, groß.

Etwa 20 verschiedene Virentypen sind bei Bienen bekannt, so das Sackbrutvirus, das Paralysevirus und das Flügeldeformationsvirus, das vorwiegend zusammen mit der Varroose auftritt. Daneben ist das Trübe Flügelvirus in den nordischen Ländern weit verbreitet. Zum Tod der Königin führt das so genannte Schwarze Königinnenzellenvirus. Man erkennt es an den schwarz gefärbten Weiselzellen. Es tritt häufig zusammen mit dem Nosema Parasiten auf.

Bei einer sehr hohen Völkerdichte begünstigt Nahrungsmangel das Chronische Bienen-Paralysevirus. Im Mai befällt es die Bienenvölker besonders stark. Dann kann der Imker einzelne, zitternde Bienen vor dem Flugloch finden, die nicht mehr fliegen können. Manchmal sind diese Bienen auch haarlos oder schwarz. Befallen werden allerdings nur die erwachsenen Bienen, nicht die Brut.

Das bekannteste Bienenvirus aber ist das Sackbrut-Virus. Er war das erste Virus, das von Medizinern beschrieben wurde.

Die Sackbrut

Zu den bekanntesten Viruserkrankungen bei Bienen gehört die Sackbrut, manchmal auch als Schiffchenbrut bezeichnet. Sie erkennt man daran, dass vermehrt Streckmaden wie kleine braune Säckchen auf dem Zellenboden liegen. Diese sind hoch infektiös. Mit einer Pinzette lassen sie sich vom Imker anheben. Zurück bleibt ein wie ein Schiff geformter Schorf. Dieser ist allerdings nicht ansteckend.

Das Sackbrutvirus wird bei der Brutfütterung durch die Ammenbienen übertragen. Die Brut-Virose breitet sich im Gewebe und im Gehirn der Maden aus und führt zu ihrem frühzeitigen Tod. Verbreitet wird das Virus durch Räuberei, aber auch durch infizierte Waben.

Der Imker erkennt die Erkrankung an dem lückenhaften Brutnest. Die Maden liegen schlaff in der Zelle. Auffällig ist, dass sie so gut wie keine Körpersegmentierung aufweisen. Am hinteren Ende ihres Darms sieht man einen wässrigen Sack durch die Haut schimmern. Verdeckelte Zellen sind häufig löchrig oder haben eingefallene Deckel. Auf dem Zellenboden liegt eingetrockneter Schorf.

In leichten Fällen heilt die Sackbrut von alleine ab. Ist das nicht der Fall, muss der Imker alle befallenen Waben entfernen und einschmelzen, schlimmstenfalls das Bienenvolk sogar umweiseln.

Weitere Schädlinge

Wachsmotte, Bienenwolf und Bienenlaus

Darüber hinaus gibt es noch weitere Schädlinge, die den Bienenstock befallen und schädigen. Ich möchte hier exemplarisch auf die Wachsmotte, den Bienenwolf und die Bienenlaus eingehen.

Ein ungeliebter Gast im Bienenhaus ist die Wachsmotte. Sie wird durch den Duft von Pollen und Nektar angelockt und legt ihre Eier in die Honigbienennester. Die Larven der Wachsmotte zerfressen die Waben und schädigen damit die Brut des Volkes. Über ihren Kot können schlimmstenfalls auch weitere Krankheiten wie die Faulbrut in den Stock gebracht werden. Das Problem: Die Wachsmotten nehmen rasch den Stockgeruch an und werden daher von den Bienen nicht als Eindringlinge erkannt und bekämpft. Das Vorgehen gegen die Wachsmotte ist daher für den Imker besonders schwierig. Bei der Lagerung von Bienenwaben sollte er besonders umsichtig vorgehen und höchste Hygiene walten lassen. Bebrütete Waben müssen in jedem Fall mottendicht verpackt gelagert werden. Hilfreich ist auch, wenn in der Nähe Schälchen mit Essigsäure aufgestellt werden. Sie vertreibt die Wachsmotten.

Schaden im Bienenstock richten aber auch die so genannten Bienenwölfe an, eine Bienen fressende Wespenart. Diese Wespen gehören zur Familie der Grabwespen. Sie haben ihren Namen daher, weil sie ihre Nester im Erdboden ansiedeln. Sie graben dazu bis zu ein Meter lange Röhren in den Boden. Ihre Larven ernähren sich ausschließlich von Honigbienen. Und so gehen sie dabei vor: Die Weibchen der Bienenwölfe greifen die Honigbienen blitzschnell an und lähmen sie mit ihrem Giftstachel. Dann drücken sie mit ihrem Hinterleib auf die Honigblase der Biene und lecken den Honigtropfen, der sich daraufhin am Mund der Biene bildet, auf. Die erwachsenen Bienenwölfe ernähren sich nämlich rein vegetarisch. Nur die Larven benötigen die Honigbienen zur Ernährung.

Ein Bienenschmarotzer ist die Bienenlaus, bei der es sich jedoch nicht um eine Laus, sondern in Wirklichkeit um eine Fliege handelt. Sie sucht sich als Wirt die Bienen aus, die im Stock bleiben. Auf ihrem Kopf lässt sie sich nieder. Von ihnen ernährt sie sich, indem sie mit ihren Vorderfüßen auf die Oberlippe der Biene tritt. Diese sondert daraufhin einen Tropfen ab, den die Bienenlaus Braula coeca aufsaugt. Am liebsten aber siedelt die Bienenlaus auf dem Kopf der Königin. Imker berichten, dass sie zum Teil über 100 Bienenläuse auf einer einzigen Königin gezählt hätten. Die Bienenlaus richtet aber nicht wirklich Schäden an im Bienenstock. Sie ist lediglich ein ungebetener Schmarotzer. Zu viele Bienenläuse jedoch können das Volk beunruhigen oder die Königin bei der Eiablage stören. Der Imker sollte daher bei einem starken Befall abends ein weißes Papier mit Naphthalin unter die Waben legen. Naphthalin ist unter anderem auch in Mottenkugeln enthalten. Es verbreitet einen Teergeruch, den die Bienenlaus nicht mag. Die herabgefallenen Läuse können dann am nächsten Tag aufgesammelt und verbrannt werden. Auch manche Medikamente gegen Varroose eignen sich zur Bekämpfung der Bienenlaus. Perizin hat sich beispielsweise als besonders wirksam erwiesen.

Im Laufe des Jahres durchläuft das Bienenvolk einen Zyklus. Der Imker hat deshalb je nach Jahreszeit unterschiedliche Aufgaben zu bewältigen. Es ist für ihn sehr wichtig, genau zu wissen, was sich im jeweiligen Monat im Bienenvolk tut.

Für den Imker beginnt das Bienenjahr übrigens im August. Ich habe mich hier jedoch bewusst am üblichen Jahresverlauf orientiert, da die Entwicklung der Bienen bestimmt, welche Arbeiten des Imkers im jeweiligen Monat anfallen. Und er steht hier im Mittelpunkt.

Januar und Februar

Anfang des Jahres befindet sich das Bienenvolk noch in der Winterruhe. Die Temperatur im Bienenstock sinkt auf etwa 25°C. Droht sie aufgrund der niedrigen Außentemperaturen noch weiter abzusinken, bilden die Bienen eine Traube. In manchen Regionen ist dies schon im November der Fall.

In der Mitte der Traube befindet sich die Königin. Sie wird besonders gewärmt und geschützt. Im Inneren der Traube ist es etwa 35°C warm. Die äußeren Bienen sind jetzt ständig in Bewegung. Sie wechseln sich untereinander ab, um nicht zu stark auszukühlen. Hier ist es jetzt nur noch zwischen 8°C und 12°C warm.

Das Bienenvolk ernährt sich nun von seinen Vorräten, von Honig und Zuckerlösung. Die Pollenvorräte werden langsam knapp.

Wird es draußen wärmer, steigen die Temperaturen also dauerhaft wieder über 10°C, erwachen die Bienen zu neuem Leben. Neue Brut wird angelegt. Die Temperatur im Bienenstock steigt erneut auf die optimalen 35°C an. Frühe Reinigungsflüge finden statt.

Haselnuss und Weide, Erle, Krokus und Schneeglöckchen sind die Trachten, die zu den wichtigsten Frühblühern zählen. Sobald der erste Pollen zur Verfügung steht, beginnt die Aufzucht der ersten Brut nach dem Winter.

Der Imker muss nun nachsehen, ob das Volk eine Königin hat und ob schon Brut vorhanden ist. Er analysiert das Gemüll in Bezug auf Schädlinge und Parasiten und prüft die Gesundheit der Bienen anhand einer Futterkranzanalyse. Nun ist der Zeitpunkt, eventuelle Krankheiten zu behandeln.

Ende Februar setzt der Imker dann den Honigraum auf.

März und April

Die alt gewordenen Arbeitsbienen haben die Aufzucht der ersten Brut noch in die Wege geleitet. Nun sterben sie. Ihre Nachkommen, die Sommerbienen, übernehmen die Brutpflege. Das Volk vermehrt sich. Neue Drohnen werden herangezogen. Die ersten größeren Trachten blühen. Apfel- und Kirschblüte sind ungeduldig erwartete Frühlingsboten. Die Nahrungsauswahl für die Bienen wird größer. Den Imker freut dies: Das Volk kann nun wachsen und gedeihen. Und, für den Imker ganz wichtig: Die Bienen beginnen wieder damit Honigvorräte anzulegen.

Der Imker erweitert nun nach und nach das Flugloch und kontrolliert den Gesundheitszustand und die Stärke seines Volkes. Dann setzt er einen neuen Brutraum auf. Das Volk wächst nun schnell heran und benötigt neuen Platz.

Mai bis Juli

Im Frühsommer hat das Bienenvolk seine maximale Stärke. Neue Königinnen werden in Weiselzellen herangezogen, Drohnen wachsen heran. Die Schwarmneigung steigt. Das Volk ist bereit sich zu teilen. Das Nahrungsangebot ist nun groß. Himbeere und Brombeere, Heckenrosen und Linde blühen.

Der Imker hat jetzt die Aufgabe, die Schwarmneigung zu beobachten und gegebenenfalls durch künstliche Ablegerbildung zu verhindern. Diese Kontrolltätigkeit muss der Imker bis zum Juli mindestens einmal in der Woche durchführen. Nun beginnen auch die Königinnenzucht und die erste Honigernte. Von Mai bis August entnimmt der Imker die gefüllten Honigwaben und schleudert sie.

Ende August bis Ende September

Vor der Winterruhe muss der Imker kontrollieren, ob das Volk ausreichende Vorräte hat. Er nimmt in der Regel sicherheitshalber eine zusätzliche Wintereinfütterung vor.

Dann verkleinert er das Flugloch durch einen Keil, um die Winterkälte draußen zu halten. Die Honigräume werden herausgenommen.

Die jungen Winterbienen gehen nun an ihre Arbeit. Sie werden dafür sorgen, dass der Bienenstock auch im Winter gereinigt wird und dass das Volk genügend Nahrung hat.

Jetzt ist der Zeitpunkt gekommen, in dem der Imker gegebenenfalls noch eine Behandlung mit Ameisensäure gegen die Varroa-Milbe durchführt. Damit will er sicherstellen, dass die Winterbienen gesund über die Wintermonate kommen.

Oktober bis Dezember

Die Bienen brüten nicht mehr. Die Winterruhe beginnt. Ab Oktober bringt der Imker Mäuseschutzdraht oder Mäuseschutzkeile an, um die Beuten vor Räubern zu schützen.

Auch im Winter muss er regelmäßig kontrollieren, ob das Flugloch frei ist und die Bienen genug Luft bekommen. Verstopfte oder durch Schneeverwehungen geschlossene Fluglöcher muss der Imker umgehend öffnen.

In den Wintermonaten geht es ruhiger zu. Dennoch hat der Imker einige Aufgaben zu erledigen. Er repariert Waben und Rahmen, baut neue, reinigt und wartet sein Werkzeug und verarbeitet Wachs. Jetzt erlebt auch der Honigverkauf seinen Höhepunkt.

Die Arbeit des Imkers im Frühling

Im Frühling hat der Imker besonders viel zu tun. Nach dem langen Winter muss er nun erst einmal sein Volk kontrollieren. Sobald die Bienen wieder ihren Stock verlassen ist es soweit.

Anfang Februar beginnen sie in der Regel damit, nach neuen Trachten zu suchen. Frühblüher wie Weide und Hasel werden nun angeflogen. Sie haben für das Bienenvolk eine hohe Bedeutung, sind sie doch wichtige Pollen- und damit Eiweißlieferanten. Dies wird im Bienenstock nun dringend benötigt, da die neue Brut herangezogen werden soll und die Pollenvorräte nach den Wintermonaten erschöpft sind.

Februar: Beobachtung des Volkes

Nach der Winterruhe des Bienenvolkes beginnt der Imker etwa Mitte Februar wieder damit, regelmäßige Kontrollen durchzuführen. Dabei sollte die Außentemperatur nicht unter 15 Grad Celsius liegen.

Wenn die Außentemperaturen konstant 10°C und mehr betragen, fliegen die Bienen erstmals zu ihrem Reinigungsflug aus. Dann ist noch nicht der richtige Zeitpunkt, um die Beute zu öffnen. Erst wenn Bienen mit Pollenhöschen zu beobachten sind, kann der Imker nachsehen, wie es seinem Volk im Winter ergangen ist.

Schon von außen sieht er, ob das Bienenvolk im Stock bereits brütet. Fliegen Bienen mit Pollenvorräten ein, kann der Imker fast sicher sein, dass sich im Bienenstock bereits Brut befindet. Doch selbst wenn dies noch nicht der Fall sein sollte, besteht kein Grund zur Sorge. Jedes Volk verhält sich anders. Manche Bienen brüten extrem früh, andere wiederum lassen

sich etwas Zeit. Einen Einfluss auf den Zeitpunkt des Brütens haben auch das Wetter und die Temperatur.

Bei der ersten Durchsicht nach dem Winter kontrolliert der Imker zuerst die Stärke seines Volkes. Dazu zählt er die Waben, die mit Bienen besetzt sind. Ist Brut vorhanden, notiert der Imker auch die unterschiedlichen Stadien. Wie viele Eier, wie viele Rundmaden und wie viele Streckmaden sind vorhanden?

Dann muss er nachsehen, ob für die Bienen noch ausreichend Futter zur Verfügung steht. Im Frühling ist im Stock meistens nur noch Zuckerlösung vorhanden. Der Imker sollte daher genau notieren, wie viele Futterwaben noch gefüllt sind. Schließlich müssen die Vorräte noch etwa drei Monate reichen. Erst im Mai nämlich blühen die ersten Massentrachten. Leere Futterwaben kann er bereits jetzt entfernen.

Manche Imker richten in den Beuten nun auch Absperrgitter ein. Sie verengen den Raum im Stock und führen zum schnelleren Brüten. Ein Faktor dafür ist nämlich die Temperatur im Bienenstock. Liegen die Außentemperaturen noch unter 15 Grad Celsius, müssen die Bienen viel Energie zum Aufheizen des Bienenstocks aufbringen. Ist der Bienenstock kleiner, lässt er sich leichter erwärmen. Die Folge: Das Bienenvolk entwickelt sich schneller und beginnt früher mit der Brutpflege.

Die genannten Arbeiten des Imkers im Frühjahr sind von hoher Relevanz. Sie entscheiden womöglich über den Fortbestand eines ganzen Volkes. Weniger wichtig ist momentan die Rolle der Königin. Wenn Sie sie nicht finden können, lassen sie es. Für den Zustand des Volkes spielt sie im Februar eine untergeordnete Rolle.

Der Imker sollte nun regelmäßig das Flugloch beobachten. Hieraus kann er ablesen, wie es seinem Volk ergeht und wie es sich entwickelt. Sammeln die Bienen intensiv Pollen und tragen sie Pollenhöschen in den Stock, brütet das Volk. Sind sie hingegen unruhig und heulen, deutet dies auf eine Weisellosigkeit hin. Stark duftende Fluglöcher zeugen von einer blühenden Tracht.

Manchmal beobachtet der Imker jetzt auch anfliegende Bienen, die sich schwer tun, auf dem Anflugbrett zu landen. Ihr Hinterleib hängt schon im Flug stark herab. Das ist ein sicheres Zeichen dafür, dass ihre Honigblase voll gefüllt ist. Je emsiger der Betrieb ein- und ausfliegender Bienen vor dem Flugloch, umso intensiver das Nahrungsangebot. Bei schwachen Völkern jedoch deutet ein starker Flugbetrieb auch auf Räuberei hin. Hier sollte der Imker eine gesonderte Kontrolle vornehmen.

März: Brutkontrolle

Im März brüten dann fast alle Völker. Öffnet der Imker nun die Beute, sieht er mindestens vier bis sechs Brutwaben. Ist Ende des Monats Brut unterschiedlicher Stadien vorhanden, kann der Imker von einer normalen Entwicklung seines Volkes ausgehen. Ist keine Brut vorhanden, muss der Imker versuchen, die Königin ausfindig zu machen. Gelingt das nicht, empfiehlt sich eine Weiselprobe.

Um die Königin leicht im Volk zu finden, markiert der Imker sie. Ihr Alter erkennt er an der Farbe des Markierungspunktes. Es gibt fünf Jahresfarben, die zur Markierung verwendet werden. In Jahren mit den Endzahlen 0 und 5 ist es Blau, in den Jahren 1 und 6 Weiss, 2 und 7 Gelb, 3 und 8 Rot und 4 und 9 Grün. Eine 2010 geborene Königin wird also blau markiert, eine 2011 geborene wird hingegen mit einem weißen Punkt versehen.

Der Umgang mit Drohnenbrut

Findet der Imker bereits im Frühling überwiegend Drohnenbrut, muss er reagieren. Das Volk hat anscheinend keine Königin mehr. Eine Arbeitsbiene hat deren Aufgaben dann über den Winter übernommen, die so genannte Afterweisel, auch Drohnenmütterchen genannt. Ihren Namen hat sie daher, weil sie nur Drohnenbrut produzieren kann, da sie ja von keiner männlichen Biene (Drohne) begattet wurde und somit auch kein Sperma zum Stift (Ei) dazugeben kann. Der Imker erkennt die Buckelbrut an den sich aufwölbenden Deckeln der Wa-

ben. Die Drohnen sind für die Wabe nämlich zu groß. Die Ammenbienen versuchen daher, ihnen mehr Platz zu geben, indem sie die Deckel immer höher bauen.

Häufig ist die Ursache für die Buckelbrut aber auch eine andere. Wurde zu spät umgeweiselt, ist ein Teil der Königinneneier manchmal unbesamt und produziert Drohnen. Auch dann findet der Imker im Frühjahr im Stock Buckelbrut vor. Was tut er nun? Hat sein Bienenvolk keine Brut an Arbeitsbienen, wird es aussterben.

Ein Unterschied besteht in diesen beiden Fällen allerdings: Während das Volk im ersten Fall unruhig ist, weil es keine Königin hat, sind die Bienen im letzteren Beispiel ruhig und gehen beständig ihren Aufgaben nach, weil die Königin weiterhin Pheromone aussendet. Ein Volk mit einer drohnenbrütigen Königin ist daher leicht zu retten. Der Imker führt es einfach mit einem anderen, nicht zu starken Volk zusammen. Zuvor muss er allerdings die drohnenbrütige Königin finden und entfernen.

Das Volk ohne Königin kann hingegen kaum gerettet werden. Da der Imker das Drohnenmütterchen unter den Arbeitsbienen nicht erkennt, muss er das Volk in Nähe anderer Bienenstöcke abkehren und hoffen, dass ein Teil von ihm dort unterkommt. Die Chancen stehen gut, wenn der Imker diese Maßnahmen an einem milden Tag durchführt. Er sollte dazu viel Rauch produzieren, damit die Bienen sich rechtzeitig den Magen füllen können. Dies ist ihre natürliche Reaktion auf Rauch, Brand und Feuer. Auf diese Weise können sie sich bei den Wächterinnen des Nachbarstocks leichter einbetteln, denn diese werden die fremden Bienen nur mit einer gefüllten Honigblase ins Volk lassen.

Weiselprobe und Völkerführung

Sind Mitte bis Ende März noch nicht alle Brutstadien vorhanden, sollte der Imker eine Weiselprobe durchführen. Es ist jetzt wichtig zu wissen, ob das Volk eine Königin hat oder nicht. Die Kontrolle, ob Drohnenbrut im Stock vorhanden ist, sollte der Imker schon vorher durchgeführt haben. Ist keine Königin zu finden, setzt der Imker nun eine Brutwabe aus einem anderen Stock in das Volk. Er kennzeichnet die Wabe und wartet dann etwa zehn Tage. Bildet das Volk in dieser Zeit auf der Wabe Nachschaffungszellen, fehlt ihm die Königin. Nun hat der Imker die Wahl: Ist das Volk stark genug, um zu diesem späten Zeitpunkt noch eine Königin heranzuziehen? Oder sollte es besser mit einem anderen Volk vereinigt werden? Ein schwaches Volk sollte der Imker einem anderen Bienenvolk zuführen, es hat ansonsten geringe Überlebenschancen.

Der Imker muss seine Bienenvölker so führen, dass sie im Sommer, dann, wenn die Haupttracht blüht, möglichst stark sind. Nun benötigen sie so viele Flugbienen wie möglich, um Nektar und Pollen zu sammeln und genug Vorräte für den Winter anzulegen. In die Entwicklung eines Volkes kann der Imker jedoch nur schwer eingreifen. Krankheiten, Temperatur und Witterung beeinflussen die Entwicklung eines Bienenvolkes entscheidend. Verfügt der Imker über einige starke und einige schwache Völker, sucht er den Ausgleich und versucht, Bienen aus dem starken Volk dazu zu bewegen, in das schwache Volk umzusiedeln. Wie aber geht er dabei vor?

Er stellt das starke und das schwache Volk so nah wie möglich nebeneinander auf. Während die Sammelbienen ausfliegen, vertauscht der Imker die Kästen, so dass das schwache Volk nun in der Einflugschneise steht. Das starke Volk rückt er aus dem Flugradius heraus, so dass es von den einfliegenden Bienen nicht mehr gefunden wird. Sie fliegen nun in den anderen Stock ein und werden dort auch mit offenen Armen empfangen, bringen sie doch ausreichend Pollen und Nektar mit.

Dieser Vorgang bedeutet allerdings für beide Völker eine große Belastung. Das ehemals starke und nun geschröpfte Volk kann seinen Rückstand bei der Brut nicht mehr nachholen und wird erst spät im Jahr wieder seine übliche Stärke erreichen. Der Imker muss darauf achten, dass das Volk spätestens bei der Spättracht wieder so stark ist, dass es genügend Wintervorräte sammeln kann.

Das ehemals schwache Volk ist ebenfalls gefährdet. Es verfügt zwar nun über unzählige Flugbienen, die schlagartig angewachsene Zahl an Bienen im Stock führt aber häufig

dazu, dass sie schneller und intensiver in Schwarmstimmung geraten. Der Imker ist also hier besonders gefordert. Nur unter seiner ständigen Aufsicht kann es gelingen, beide Völker zu einer gesunden Stärke zu führen.

Der Sommer ist für den Imker die schönste Zeit. Nun beginnt nämlich die Honigernte.

Das Honigmachen

Der Imker muss in den Sommermonaten regelmäßig die Waben kontrollieren und nachsehen, wie viele von ihnen gefüllt und mit einem Deckel versehen sind. Die gedeckelten Waben sind durch ihren Wachspfropf leicht zu erkennen.

Der richtige Zeitpunkt für die Honigernte

Im Frühjahr sollte mindestens die Hälfte der Waben verdeckelt sein, bevor der Honig entnommen wird, im Sommer mindestens ein Drittel. Wichtig ist, dass der Honig beim Schleudern wirklich reif ist. Manche Imker lassen ihn dazu nach der Entnahme noch einmal fünf Tage ruhen. Dann kann er in der Wabe nachreifen.

Was bedeutet das: Der Honig reift? Eigentlich bezeichnet man damit nur den Prozess der Optimierung des Wassergehaltes. Enthält der Honig zu viel Wasser, kann ein Gärprozess eintreten und der Honig verdirbt. Enthält er hingegen zu wenig Wasser, ist er oft so zäh, dass er sich nicht schleudern lässt. Im Optimalfall enthält der Honig 18 bis 20 Prozent Wasser. So schreibt es auch die deutsche Honigverordnung vor. Der Imker kann den Wassergehalt des Honigs mit Hilfe eines Refraktometers kontrollieren.

Manche Imker gehen aber auch anders vor, um den idealen Reifepunkt des Honigs zu bestimmen. Sie stellen eine Waage unter das Bienenvolk und notieren täglich sein Gewicht. Sind die Waben alle gefüllt, verändert sich das Gewicht nicht mehr oder nur noch wenig. Das bedeutet, in drei Tagen ab jetzt ist der optimale Zeitpunkt, um den Honig zu ernten und zu schleudern.

Der Imker wählt am besten einen schönen Tag für das Schleudern aus. Schließlich sollen so viele Bienen wie möglich auf Sammelflug sein. Die anderen sollten möglichst ruhig und nicht aggressiv sein. Ein Tag mit aufkommender Gewitterneigung eignet sich daher nicht zum Honigschleudern. Dann sind die Bienen schon allein wegen des Wetters sehr unruhig und stechfreudig.

Die Bienenflucht

Für das Schleudern des Honigs muss der Imker einige Vorbereitungen treffen. Am Vorabend bereits trennt der Imker Brutraum und Honigraum voneinander ab.

Dazu verwendet er eine Bienenflucht, eine Art Schleuse, die verhindert, dass die Bienen vom Brutraum zurück in den Honigraum kommen. Sie können die Schleuse nun nur in eine Richtung passieren. Der Imker baut die Bienenflucht dazu in einen Rahmen ein und setzt ihn unter die Honigräume.

Beim Einsetzen der Bienenfluchten muss der Imker den Honigraum leicht anheben und den Rahmen mit der Bienenflucht einschieben. Das geht in der Regel sehr schnell, so dass die Bienen kaum etwas davon merken. Die Fluchten sollten nach oben und unten knapp zehn Zentimeter Platz haben.

Überraschend ist für viele, wie schnell dieser Mechanismus funktioniert. Die abgetrennten Bienen, die sich noch im Honigraum befinden, wollen nämlich schnellstmöglich wieder zurück zu ihrer Königin und drängen daher in den Brutraum. Der Duft ihrer Königin lockt sie nach unten. Die letzten Bienen haben meistens nach etwa 24 Stunden den Honigraum verlassen. Nun kann der Imker ungestört arbeiten. Ganz wichtig: Er muss den Honig nun zügig verarbeiten, sonst zieht er eventuell zu viel Wasser.

Die Vorbereitungen
für das Schleudern

Am Abend zuvor hat der Imker schon den Schleuderraum vorbereitet. Der Raum ist sauber, Kleidung und Stiefel stehen zur Verfügung, alle Geräte liegen bereit. Honigräume sowie Leerwaben sind bereits hergerichtet. Der Imker benötigt nun die Wabenschleuder, ein Entdeckelungsgerät mit entsprechendem Zubehör, der Entdeckelungsgabel und dem Entdeckelungsmesser, ein weiteres Messer sowie Sieb, Kanne und verschiedene Hobbocks (Honigeimer).

Der Hobbock

Ein Hobbock besteht in der Regel aus lebensmittelechtem Inox Edelstahl, ist etwa 50 cm hoch und 30 cm im Durchmesser breit. Er fasst 50 Kilogramm oder 36 Liter Honig. Der Kesseldeckel ist passgenau und schließt luftdicht über eine lebensmittelechte Silikondichtung ab.

Das Besondere am Hobbock aber ist sein Auslasshahn am Nullpunkt des Kessels. Über ihn kann der Honig abfließen, ohne dass Reste im Kessel verbleiben. Bei guten Kesseln befinden sich die Lötstellen außen, so dass der Inhalt, also der Honig, mit diesen nicht in Kontakt kommen kann.

Der Schleuderraum

Vorteilhaft ist es, wenn der Schleuderraum in einiger Entfernung vom Bienenstock liegt. So wird der Imker beim Schleudern weniger von Bienen belästigt. Arbeitet der Imker mit einer Bienenflucht, muss er zum Teil gar keinen Rauch verwenden, um die Bienen abzulenken. Der Honigraum ist dann so gut wie frei von Bienen. Die wenigen Bienen, die noch hier sitzen, lassen sich leicht abkehren. Für den Honig ist das von Vorteil: Rauchpartikel verändern und verschmutzen ihn sonst.

Acht geben sollte der Imker darauf, dass die Waben nicht mit dem Boden in Berührung kommen. Die Magazine sollten daher am besten auf eine Schubkarre geladen und damit zum Schleuderraum transportiert werden. Äußerste Hygiene ist bei allen Arbeiten das oberste Gebot.

Nachdem der Imker den Bienenstock geöffnet und die Waben entnommen hat, entfernt er die Bienenflucht und setzt sofort neue Honigräume auf die Waben. Dann bringt er die vollen Honigwaben in den Schleuderraum. Dort entfernt er mit Entdeckelungsmesser oder Entdeckelungsgabel die Wachsdeckel auf den einzelnen Waben, setzt diese in die Zentrifuge und schleudert den Honig auf beiden Seiten heraus.

Umrühren und Abschäumen
des Honigs

Der Honig kristallisiert zum Teil sehr schnell aus. Deshalb muss der Imker rasch vorgehen. Damit die Zuckerkristalle möglichst klein bleiben, muss er den Honig kontinuierlich rühren. Zum Umrühren verwendet er einen Holzlöffel oder einen Stampfer, manchmal auch elektrische Rührgeräte. Für den Anfang reicht ein Holzlöffel aber durchaus aus.

Große Pollen und kleine Partikel wie Wachsreste werden mit einem Teigschaber abgeschöpft. Diesen Prozess nennt man auch Abschäumen. Nach dem Schleudern lässt man den Honig dazu bis zum nächsten Tag stehen. Dann erfolgt das Abschäumen. Nun rührt man den Honig erneut durch. Dabei muss man mit Bedacht vorgehen, sonst bilden sich Luftblasen. Der Imker muss den Rührer langsam herablassen und – ganz wichtig - auch einmal komplett mit ihm den Rand entlangfahren. Hier befinden sich besonders viele Zuckerkristalle. Im Laufe eines Tages wiederholt man diesen Vorgang etwa drei Mal, gegebenenfalls auch öfter. Beginnt der Honig zu kandieren, also Kristalle aus Traubenzucker zu bilden, ist der Zeitpunkt für die Abfüllung gekommen.

Das Abfüllen des Honigs

Der Honig wird nun mit einem speziellen Abfüllbehälter in Honiggläser umgefüllt. Die meisten Imker verwenden die Standardgläser des Deutschen Imker Bundes. Eine geeichte Waage hilft bei der Kontrolle von Menge und Gewicht. Damit der Honig nicht zu stark nachtropft, wird er mit einem kleinen Spachtel aufgefangen. Diesen wiederum legt man danach auf einem Teller ab.

Wird der Honig zum Verkauf angeboten, muss der Imker einige Vorgaben beachten. So muss nicht nur das angegebene Gewicht mit dem tatsächlichen übereinstimmen, auf dem Etikett sind auch gewisse Pflichtangaben zum Honig erforderlich.

Das Etikett: Pflichtangaben und Informationen

Jeder Honig, der in den Verkauf kommt, muss spezielle Angaben auf dem Honiggebinde aufführen. So muss der Käufer entnehmen können, von wem der Honig stammt, wie groß die Menge im Glas ist und bis wann der Honig mindestens haltbar ist. Der Honig muss mit einer Chargennummer versehen werden, aufgrund derer sich das Abfülldatum nachweisen lässt. Es muss auch eine Sortenbezeichnung vorhanden sein. Imkervereine und –verbände stellen ihren Mitgliedern oft Vordrucke zur Verfügung, damit die Beschriftung einheitlich ist und kein Punkt vergessen wird.

Herstelleradresse

Auf dem Gebinde muss die komplette Anschrift des Herstellers verzeichnet sein, also Name des Imkers, Straße und Hausnummer, Postleitzahl und Ort sowie das Land der Herstellung. Weitere Angaben sind keine Pflichtangaben. Telefonnummer, Faxnummer, E-Mail oder Internetadresse dürfen aber gerne genannt werden.

Nettogewicht

Das angegebene Gewicht darf bei maximal fünf Prozent der Honiggläser um zwei Prozent variieren. Das heißt, ein 500 Gramm Glas darf maximal 510 Gramm Honig, minimal 490 Gramm enthalten. Eine exakt geeichte Waage ist für die Arbeit des Imkers daher Voraussetzung.

Mindesthaltbarkeitsdatum

Honig ist ausgesprochen lange haltbar. Es gibt deshalb kein vorgeschriebenes Mindesthaltbarkeitsdatum. Dennoch unterliegt der Honig gewissen Alterungsprozessen, die langfristig zu geschmacklichen Veränderungen führen können. Mit der Angabe eines Mindesthaltbarkeitsdatums signalisiert der Imker dem Verbraucher daher, in welchem Zeitraum er den Honig verbrauchen sollte. Das Datum sollte nicht zu weit in der Zukunft liegen, auch deshalb, weil der Imker so lange für das Produkt und seine Qualität haftet. Viele Imker setzen das MHD folgendermaßen fest: Sie wählen einfach das Jahresende des Folgejahres nach der Abfüllung. Ein 2011 abgefüllter Honig hätte demnach ein Mindesthaltbarkeitsdatum bis zum 31. Dezember 2012.

Chargennummer

Das Lebensmittelgesetz schreibt vor, dass der Abfüller eines Lebensmittels über Datum, Uhrzeit und Nummer der Charge Buch führen muss. Aufgrund der Chargennummer lässt sich so zurückverfolgen, wann der Honig genau verarbeitet wurde und welche Gläser aus der gleichen Charge stammen. Auf den Etiketten des Deutschen Imker Bundes sind die Chargennummern bereits eingedruckt. Der Imker muss dann nur noch die entsprechenden Nummern einer Charge der jeweiligen Abfüllung zuordnen und notieren.

Sortenbezeichnung

Ein Grund dafür, dass viele Honige überraschend schlecht in Verbrauchertests abschneiden, ist ihre ungenaue Sortenbezeichnung. Die auf dem Etikett verwendete Sortenbezeichnung muss genau dem Inhalt entsprechen. Das müssen Sie als Imker sicherstellen. Im Zweifelsfall sollte man daher immer ungenauere Überbegriffe wie beispielsweise Blütenhonig verwenden. Verpflichtend ist allerdings der Begriff Honig. Er muss auf jedem Honigglas aufgeführt werden.

Schwarmvermeidung und Ablegerbildung

Im Frühsommer steigt die Schwarmneigung der Bienen. Eigentlich ist es ein gutes Zeichen, wenn das Bienenvolk zu schwärmen beginnt. Nur Völker, die gesund und kräftig sind, kommen in Schwarmstimmung. Der Imker jedoch muss dieses Verhalten unterbinden, will er vermeiden, dass die Honigvorräte sich verringern. Wie tut er das?

Methoden zur Verhinderung des Schwärmens

Die erste Maßnahme zur Vermeidung des Schwärmens ist, dafür zu sorgen, dass die Bienen ausreichend Platz haben. Mit dem Anwachsen des Volkes müssen auch Beute oder Bienenstock größer werden.

Hilfreich bei der Schwarmvermeidung ist auch ein geeigneter Standort. Ihn verlassen die Bienen nur ungern. Anders ist die Situation, wenn die Beute schlecht belüftet bzw. zu warm ist oder wenn das Flugloch zu klein ist. Dann entwickelt sich im Bienenvolk eher die Neigung auszuschwärmen und nach einer neuen Behausung zu suchen.

Der Imker sollte zudem immer darauf achten, dass ausreichend Leerwaben zur Verfügung stehen, in die die Königin ihre Eier ablegen kann. Ist das nicht der Fall, stellt sie ihre Legetätigkeit ein. Die Ammenbienen werden daraufhin unruhig. Sie haben einen Futtersaftstau, weil es nicht ausreichend Brut zu füttern gibt. Auch dies führt zur vermehrter Schwarmstimmung.

Für den Imker ist die Veränderung der Stimmung im Bienenvolk leicht zu erkennen. Sie zeigt sich an einer deutlichen Vermehrung der Honigzellen und der gleichzeitigen Bildung von Schwarmzellen, meist unterhalb des Rähmchens. Hat die Königin hierin ihre Eier gelegt, versehen die Arbeitsbienen die Zellen mit einem Wachsdeckel. Jetzt muss der Imker aufpassen. Die verdeckelten Schwarmzellen sind bereits das Signal für einen Teil des Volkes, auszuschwärmen. Etwa die Hälfte des Volkes verlässt kurz vor dem Schlüpfen der neuen Königin mit der alten Königin den Stock. Manchmal bilden sich auch noch spätere Nachschwärme. Will der Imker dies verhindern, muss er dafür sorgen, dass die Schwarmzellen jederzeit entdeckt sind. Gegebenenfalls muss er sie sogar vollständig entfernen. Übersieht er dabei allerdings auch nur eine einzige Schwarmzelle, so ist seine Arbeit vergebens.

Je nach Rasse ist das Schwarmverhalten allerdings sehr unterschiedlich ausgeprägt. Schwarmfaule Züchtungen sind ein Züchtungsziel der Imkerverbände. Dennoch hängt das Schwarmverhalten auch vom jeweiligen Volk, von seiner Robustheit, dem Standort und anderen Faktoren ab, die sich nicht immer vorhersehen lassen. Der Imker geht auf Nummer sicher, stellt er seinem Bienenvolk immer ausreichend Platz zur Verfügung. Sorgt er für eine frühzeitige Erweiterung des Bienenstocks, regt er damit die Bautätigkeit der Bienen an. Sie bilden weitere Brutzellen und kommen nicht in Schwarmstimmung.

Eine weitere Methode, die Schwarmbildung zu unterbinden, ist die rechtzeitige Bildung von Ablegern. Im Sommer, wenn die Bienenvölker am stärksten sind, ist die beste Zeit für die Ablegerbildung, also für die Vermehrung des Bienenvolkes. Ideal ist dafür die Zeit zwischen Anfang und Mitte Mai. Jetzt verkraftet das Bienenvolk noch eine Teilung und kann rechtzeitig bis August, wenn die Massentrachten blühen, seine Maximalstärke wieder erreichen.
Um den Winter gut überstehen zu können, sollte ein Volk im Spätsommer aus mindestens 5.000 Bienen bestehen. Je früher man also Ableger bildet, desto größer die Wahrscheinlichkeit, dass bis zu diesem Zeitpunkt ausreichend neue Brut vorhanden ist. Geschieht die Ablegerbildung zu einem späteren Zeitpunkt, muss der Ableger also entsprechend größer sein.

Das Vorgehen

Will der Imker einen künstlichen Ableger bilden, so muss er zuerst einmal seine Völker inspizieren. Nur starke, gesunde Bienenvölker kommen dafür in Frage. Außerdem muss er zusehen, dass er mit der Bildung von Ablegern beginnt, bevor die Bienen in Schwarmstimmung kommen und wegfliegen.

Der Brutableger

Der Brutableger ist die klassische Form der Bienenzucht. Hierbei wird der Bienenbestand durch Teilung vermehrt. Für einen Brutableger benötigt der Imker eine neue Beute, Mittelwände, etwa zwei Futterwaben, bis zu fünf Brutwaben aus einem starken Volk und einen weiteren Standort.

Hat der Imker ein geeignetes Volk ausgewählt, entnimmt er diesem einen Teil der Brutwaben und stellt sie in die neue Beute. Auf der entnommenen Brutwabe sollte sich junge Brut befinden, die aber nicht älter als drei Tage sein darf. Der Imker fügt nun noch Mittelwände und mindestens zwei Futterwaben hinzu und bringt den Stock an eine neue Stelle. Es ist wichtig, dass der neue Bienenstock mindestens drei Kilometer von dem alten entfernt aufgestellt wird, sonst fliegen die Bienen wieder zurück zu ihrem alten Volk.

Drei bis vier Wochen lang lässt der Imker das neue Volk nun in Ruhe. Es ist nun damit beschäftigt, die neue Königin heranzuziehen.

Das Sauglingverfahren

Beim Sauglingverfahren werden Ableger mit offenen Brutwaben gebildet. Diese können auch aus unterschiedlichen Völkern stammen. Ihnen wird eine begattete Königin über einen Zusetzkäfig zugesetzt. Dieses Vorgehen ist deshalb beliebt, weil die Annahme der neuen Königin so gut wie sicher ist, da sich im Stock nur Brut und Jungbienen befinden. Manche Imker benutzen die Sauglingmethode auch dafür ein schwaches Volk mit einem starken zusammenzuführen.

Der Königinnenableger

Ein Ableger, der nicht nur durch die Entnahme der Brut, sondern durch das Wegnehmen der Königin gebildet wird, ist ein so genannter Königinnenableger.

Königinnenableger bildet der Imker immer dann, wenn das Bienenvolk bereits in Schwarmstimmung ist. Dann steht zu erwarten, dass die alte Königin bald den Stock verlassen wird. Dem kommt der Imker quasi zuvor. Bis kurz vor dem Zeitpunkt, wo die erste Weiselzelle verdeckelt wird, kann man auf diese Weise einen neuen Ableger bilden. In diesem Moment hat die Entnahme der Bienenkönigin auch keinen Nachteil für das Volk. Schon bald steht ja die neue Königin bereit.

Der Imker geht bei der Bildung eines Königinnenablegers folgendermaßen vor. Er entnimmt frühzeitig die alte Königin und bildet mit ihr einen Kunstschwarm. Dabei muss er unbedingt darauf achten, dass das Volk nicht mehr als eine Schwarmzelle hat. Gibt es mehr als eine Königin im Volk, bildet sich sonst noch ein weiterer Schwarm.

Die gleichzeitige Entnahme von Brutzellen für den neuen Ableger führt im schwärmenden Bienenvolk dazu, dass sich die aufwändige Brutpflege für die Ammenbienen verringert. Sie beginnen daher manchmal früher damit, den Aufgabenbereich der Sammelbiene zu übernehmen. Das Volk legt also weiterhin ausreichende Futtervorräte an. Die Zukunft ist gesichert.

Der Ableger selbst entwickelt sich auch sehr rasch, da die alte Königin umgehend wieder mit der Eiablage beginnt. Schon bald weist der Ableger daher eine eigene, neue Brut auf.

Der Flugling

Manche Imker bilden Flugling-Ableger. Das heißt, sie versetzen die Beute bei schönem Wetter, wenn die meisten Bienen ausgeflogen sind und stellen an ihren Platz eine neue Beute. Diese neue Beute enthält neben Futterwaben und Mittelwänden auch mindestens eine Wabe mit offener Brut. Bei den Flug- und Sammelbienen erwacht daher der Pflegetrieb. Sie nehmen die neue Behausung rasch an. Wie beim Brutableger ziehen sie aus den vorhandenen Stiften oder Larven eine neue Königin heran. Der Imker kann diese aber auch entfernen und stattdessen eine neue Bienenkönigin zusetzen.

Zwischenboden-Ableger

Der Zwischenboden-Ableger ist eine Form des Fluglings. Dieses Verfahren wendet der Imker immer dann an, wenn er kein neues Volk mehr bilden möchte, die Schwarmstimmung eines Bienenvolkes aber unterbinden will.

Bei gutem Wetter entnimmt er der Magazinbeute den Brutraum nebst Königin. Ihn setzt er auf den Honigraum auf, der durch einen Zwischenboden abgetrennt ist. Beide Räume müssen dabei über ein Flugloch verfügen. Damit möglichst viele Bienen im Honigraum bleiben, hängt der Imker eine Brutwabe in diesen Raum.

Was passiert nun? Die Sammelbienen benutzen das bekannte, untere Flugloch. Sie fliegen nicht mehr in den Brutraum, sondern in den Honigraum mit der Brutwabe. Die Folge: Im Brutraum schwindet die Schwarmstimmung.

Die Nachschaffungszellen, die die Bienen auf der Brutwabe im Honigraum angelegt haben, entfernt der Imker nach ein paar Tagen und vereinigt nun das Volk wieder. Ist das Volk während dieses Vorgehens sehr aufgeregt, kann der Imker es beruhigen, indem er angefeuchtetes Zeitungspapier auf den Brutraum legt. Dadurch beschäftigt er die Bienen und verhindert, dass sie vor Aufregung die Königin angreifen oder sogar töten.

Kunstschwarmbildung

Für die Bekämpfung der Varroa-Milbe eignet sich am besten die Kunstschwarmbildung. Die Bienen werden dabei in eine neue Beute mit neuen Mittelwänden versetzt.

Der Imker geht dabei folgendermaßen vor. Zuerst sperrt er die Königin eines starken Volkes ein. Dann entnimmt er die Waben und fegt die darauf sitzenden Bienen in die neue Beute ab. Die leeren Waben hängt er wieder zurück in die alte Beute. Sind auf diese Weise etwa zwei Kilogramm Bienen in der neuen Beute untergebracht, setzt der Imker eine junge Königin zu. Zuerst verbleibt sie in dem Zusetzkäfig. Nach einem Tag haben sich Bienen und Königin aneinander gewöhnt. Der Imker öffnet den Käfig und entfernt ihn. Nun muss er nur noch die Entwicklung beobachten und abwarten, bis sich neue Brut gebildet hat.

Treibling

Eine weitere, allerdings weniger verbreitete Möglichkeit der Ablegerbildung ist die des Treiblings. Man kann sie auch als eine Form der Kunstschwarmbildung ansehen. Sie wird nach der ersten Honigernte durchgeführt. Der Imker ersetzt dann die entnommenen Honigwaben in starken Völkern nur zum Teil und benutzt die anderen dazu, junge Bienen anzulocken. Das gelingt in der Regel sehr gut. Die verbliebenen Honigreste ziehen sie nämlich magisch an. Der

Honigraum wird dazu über dem Absperrgitter aufgesetzt.

Bereits nach einem Tag wimmelt es im Honigraum nur so vor Arbeitsbienen. Damit auch ältere Bienen den Honigraum betreten, arbeitet der Imker mit Rauch. Diesen bläst er direkt in den Zwischenraum. Der Rauch treibt die Bienen von den Brutraümen nach oben in den neuen Honigraum. Nun erst setzt der Imker die verbliebenen Honigräume wieder in den alten Stock ein. Der Treibling wird an einen anderen, mehrere Kilometer entfernten Standort gebracht, der idealerweise über ein großes Angebot an Pollen und Nektar verfügt. Der Imker öffnet nun das Flugloch und setzt eine begattete Königin zu. Die Weiterentwicklung verläuft dann wie beim Kunstschwarm.

Wie fängt man einen Schwarm?

Im Frühsommer zwischen Mai und August sind die Bienen in Schwarmstimmung. Jetzt ist das Volk am stärksten und will sich teilen. Nun entdeckt auch der Laie manchmal dicke Bienentrauben auf Bäumen, die aus mehreren Tausend Bienen bestehen. Sie sind ausgeschwärmt und befinden sich auf der Suche nach einer Behausung für ihr neues Volk. Meistens ist das zwischen 12 und 16 Uhr an einem sonnigen Tag der Fall.

Der Imker versucht, die Schwarmneigung seiner Bienen zu verhindern. Ein vor das Flugloch gehängter Schwarmsack fängt die schwärmenden Bienen nebst Königin ein. Nun kann das neue Volk in eine neue Beute versetzt werden. Gelingt das nicht und der Schwarm schwärmt aus, muss der Imker versuchen, diesen wieder einzufangen.

Wer einen Bienenschwarm entdeckt und keine Erfahrung hat, sollte Ruhe

bewahren und den nächsten Imker oder aber die Feuerwehr informieren.

Was aber macht der Imker, um den Schwarm zu fangen? Der Imker hat gegenüber dem Laien einen Vorteil: Er weiß, dass Schwarmbienen äußerst träge sind und nur selten stechen. Vor dem Auszug aus dem alten Stock haben sie sich nämlich ihre Mägen gefüllt, um die Zeit zu überbrücken, bis sie eine neue Behausung finden. Außerdem sind schwärmende Bienen mit sich selbst beschäftigt. Kommt man ihnen nicht zu nah, nehmen sie einen gar nicht wahr.

Hängt der Schwarm an einem nicht zu hohen Ast, klettert der Imker auf eine Leiter und hält einen Holzkasten mit vergittertem Deckel unter den Schwarm, den so genannten Schwarmkasten. Die Bienen werden nun mit einer feinen Wasserspritze nass gemacht, dadurch ziehen sie sich enger zusammen und können nicht mehr mehr so gut fliegen. Nun rüttelt er den Ast. Meistens löst sich der Schwarm von selbst und fällt in den Kasten. Dieser muss nun nur noch rasch verschlossen werden. Damit der Imker sicher ist, alle Bienen des Schwarms auf diese Weise gefangen zu haben, stellt er den Kasten mit dem Schwarm unter dem Baum ab und öffnet ihn ein wenig. Das reicht aus, um noch verirrte Bienen anzulocken und einzufangen. Die Pheromone der Königin ziehen sie an. Die Bienen im Inneren des Kastens verstärken den Lockstoff, indem sie sterzeln.

Hat man alle Bienen eingefangen, setzt man sie in eine neue Beute mit Rähmchen und fügt noch ein, zwei Honigwaben als Futter hinzu. Die Schwarmbienen haben jetzt einen besonders stark ausgeprägten Bautrieb. Der Imker gönnt ihnen jetzt ein paar Tage Ruhe. In dieser Zeit bauen sie unermüdlich ihr neues Nest. Schon nach einer Woche kann der Imker in der Regel mit Honig gefüllte Waben und frisch gestiftete Zellen entdecken.

Im Herbst verrichtet der Imker letzte Arbeiten. Im Mittelpunkt seiner Tätigkeit steht jetzt, seinem Bienenvolk zu ermöglichen, gut über den Winter zu kommen.

Der Imker sorgt für eine Wintereinfütterung und bekämpft Krankheiten wie die Varroose. Außerdem sichert er den Bienenstock ab und schützt ihn vor Eindringlingen. Die Bienen sollen im Winter möglichst ungestört sein, damit sie mit den Nahrungsvorräten haushalten können und nicht unnötige Energie verschwenden.

Die Wintereinfütterung

Nach jeder Honigentnahme, aber auch vor dem Winter, benötigen die Bienen einen Futterersatz beziehungsweise eine Zufütterung. Gerade in schlechten Jahren, wenn die Trachten weniger Ertrag gebracht haben, sind die Völker auf die Nahrungszugabe durch den Imker angewiesen. Ansonsten kommen sie nicht über den Winter.

Die Futterzugabe als Ersatz für den entnommenen Honig verteilt sich über den ganzen Sommer. Die letzte Zufütterung vor dem Winter sollte spätestens Mitte September erfolgen.

Viele Imker sind unsicher, wie groß die Menge sein muss, die sie zufüttern müssen. Dafür gibt es eine einfache Faustregel: Bei einräumigen Völkern kalkuliert man die 1,5-fache Kilogramm Menge der Wabenanzahl, bei mehrräumigen Völkern etwas mehr.

Hat ein Volk zum Beispiel neun Waben, benötigt es knapp 14 Kilogramm Futter. In kälteren Regionen mit langen Wintern sollte der Imker lieber etwas mehr zufüttern. Der Energiebedarf der Bienen ist hier im Winter dann besonders hoch. Die Vorräte müssen demnach auch für eine längere Zeit ausreichen.

Bei der Kalkulation der zuzufütternden Menge werden im Stock noch vorhandene Vorräte mit eingerechnet. Mit einbeziehen in seine Berechnung muss der Imker aber auch den Energieaufwand, den die Bienen benötigen, um Zuckerwasser zu Futter zu verarbeiten. Er muss deshalb der kalkulierten Futtermenge noch einmal ein Drittel zuschlagen.

Als Futterzugaben eignen sich fertige Futtermischungen am besten. Man kann aber auch üblichen Haushaltszucker bester Qualität verwenden. Aus diesem wird dann im Verhältnis 3 zu 2 eine Zuckerlösung zubereitet. Drei Kilogramm Zucker werden also mit zwei Litern Wasser versetzt. Das ergibt 3,8 Liter Futterlösung.

Die Bekämpfung der Varroa-Milbe

Im Herbst nimmt der Imker zum letzten Mal eine Behandlung des Bienenstocks mit Ameisensäure vor. Er versucht, die Ausbreitung der Varroa-Milbe so weit wie möglich im Zaum zu halten. Nur gesunde Bienen kommen gut über den Winter.

Damit möglichst wenig Rückstände im Stock verbleiben, verdunstet der Imker 60-prozentige Ameisensäure über dem Volk. Die Milben werden dadurch abgetötet und können aufgesammelt werden. Da sie aber auch von den Bienen beseitigt werden, empfiehlt es sich, ein Gitter anzubringen, durch das die Milben auf den Boden fallen. So kann der Imker sie exakt zählen und den genauen Befall seines Volkes bestimmen.

Nur im äußersten Notfall nimmt der Imker im Dezember erneut eine Varooabehandlung vor. Dann verwendet er aber Oxalsäure. Für den Einsatz von Ameisensäure ist es nun zu spät. Öffnet der Imker den Bienenstock nun, erschrickt er manchmal: Die

Beutenwände sind mit einer dünnen Eisschicht bedeckt. Doch er kann beruhigt sein. Eisblumen im Bienenstock sind zu dieser Jahreszeit völlig normal. Sie bilden sich, weil die Bienen in ihrer Bienentraube Feuchtigkeit ausschwitzen, die sich dann im kalten Bienenstock an den Wänden niederschlägt.

Weitere Informationen zur Behandlung der Varroose mit Ameisensäure, Thymol, Oxalsäure und Milchsäure finden Sie in Kapitel 6 „DIE KRANKHEITEN DER BIENEN".

Sicherung des Bienenstocks

Der Imker bringt vor dem Winter auch Mäusegitter an, manchmal auch spezielle Fluglochblenden. Dadurch sollen Eindringlinge wie Vögel, Spitzmaus oder Feldmaus abgehalten werden.

Pflanzzeit

Im Oktober ist die beste Zeit, um neue Bienenweiden für das nächste Jahr zu pflanzen. Nun setzt der Imker Frühblüher und Zwiebeln wie Tulpen, Krokusse und Schneeglöckchen. Er pflanzt Thymian und Lavendel in die Nähe des Bienenstocks und erweitert seine Bepflanzung an Sträuchern und Bäumen, so er Platz dafür hat.

11. Die Arbeit des Imkers im Winter

Im Winter hat der Imker nicht viel zu tun. Er geht seinen Bienenstand regelmäßig ab und kontrolliert die Fluglöcher. Wichtig ist, dass das Bienenvolk nun völlig ungestört ist. Jede Erschütterung, jede Störung könnte sonst zu vermehrter Futteraufnahme oder zu Durchfallerkrankungen führen, die das Volk schwächen.

Der Imker bereitet nun Wachs zu, baut Rähmchen für das nächste Jahr und verkauft seinen Honig. Auch er hat nun ein wenig Winterruhe.

Während der kalten Jahreszeit trifft der Imker bereits Vorbereitungen für das nächste Jahr. Er schneidet aussortierte Waben aus und arbeitet sie auf,

er gießt Mittelwände und säubert seine Arbeitsgeräte nach der letzten Benutzung vor dem Winter gründlich. Außerdem stellt er Futterteig her.

111 Fragen und Antworten zur Bienenhaltung

1. Was kostet eigentlich die Bienenhaltung?

Je nach Aufwand können die Kosten für die Imkerei höchst unterschiedlich ausfallen. Die Bayerische Landesanstalt für Weinbau und Gartenbau hat dazu eine durchschnittliche Schätzung abgegeben. Demnach benötigt der Imker für die Erstanschaffung gut 1.100 Euro.

Hinzu kommen weitere Kosten für die Krankheitsbehandlung, das sind etwa 65 Euro, und für die Honiggewinnung. Hier werden noch einmal fast 900 Euro veranschlagt. Die Hälfte davon nimmt allein der Kauf einer Honigschleuder in Anspruch. Tipp: Fragen Sie im örtlichen Imkerverein nach, ob Sie dort eine Schleuder leihweise bekommen können.

Wer Königinnen beim Züchter kauft, muss zudem mit Kosten in Höhe von 20 bis 40 Euro pro Bienenkönigin rechnen.

Die meisten Hobbys kosten Geld. Häufig muss man Ausrüstungen kaufen. Das Imker Hobby ist eines der wenigen Hobbys, wo man die Chance hat, die Kosten wieder reinzuverdienen. So hat man durch den Verkauf von Honig, Pollen und vielen anderen Produkten genügend Einnahmen, um diese Kosten gegenzufinanzieren.

2. Darf ich überall Bienenstöcke aufstellen?

Bienenstöcke dürfen im Prinzip auf dem eigenen Grundstück ohne Einschränkung errichtet werden. Der Abstand zum Nachbarn muss dabei allerdings mehr als nur ein paar Meter betragen. In Reihenhaussiedlungen und dicht bebauten Wohngebieten ist die Bienenhaltung deshalb nicht erlaubt. Allerdings gibt es keine einheitliche Rechtsprechung dazu.

Will der Imker seinen Standort je nach Tracht wechseln, so wandert er. Als Wandern wird der Transport der Bienenstöcke zu der jeweiligen Tracht verstanden.

Der Imker benötigt dazu ein Seuchenzeugnis oder Wanderzeugnis. Es gibt Aufschluss über die Gesundheit der gehaltenen Bienen. Sie ist in Europa besonders durch die gefährliche Amerikanische Faulbrut bedroht, eine meldepflichtige Seuche.

Sobald der Imker seine Bienen an einem anderen Ort als dem angegebenen aufstellt, muss er dies laut §5 der Bienenseuchenverordnung der zuständigen Veterinärbehörde umgehend melden. Er benötigt ein Gesundheitszeugnis oder Wanderzeugnis. In manchen Bundesländern (z.B. Sachsen) kann allerdings nur der Amtstierarzt ein solches Gesundheitszeugnis ausstellen. Auf dem Wanderzeugnis ist auch die Betriebsnummer oder Registriernummer des zuständigen Heimat-Veterinäramtes aufgeführt. Wenn Sie nicht wissen, wer für Sie zuständig ist: Die Imkervereine verfügen in der Regel über Adresslisten der Veterinärämter und Bienenseuchensachverständigen aus der Region.

3. Was ist ein guter Standort für die Bienenhaltung?

Ein idealer Standort für einen Bienenstock ist sonnig, windgeschützt und warm. Er verfügt über ein gutes Nahrungsangebot in der Nähe, idealerweise bereits im Frühjahr. Ein nahe gelegener Standort von Weiden und Pappeln, Sommerwiesen oder Wegrainen ist für die Eiweißversorgung der Bienen ideal.

Die Bienenstöcke sollten aber nicht zu nah an anderen Völkern stehen. Sonst ist die Nahrungskonkurrenz zu groß, was die Völker belasten und in ihrer Entwicklung einschränken würde.

Und noch etwas ist wichtig: Die Bienen lieben einen ruhigen Ort. Stark frequentierte Bereiche wie Wegkreuzungen und Waldränder eignen sich daher nicht als Standort.

4. Wo bekomme ich die Bienen her?

Der Imkerverein vor Ort ist der beste Ansprechpartner für den Kauf von Bienen. Bei ihm bekommen Sie sowohl Bienenvölker als auch so manches andere, nützliche Zubehör. Manche Imkervereine schenken neuen Mitgliedern auch ein Bienenvolk zum Start. Erkundigen Sie sich also am besten bei Ihren örtlichen Imkerkollegen.

Und noch ein Tipp: Schauen Sie nach, ob es in Ihrer Region spezielle Bienenmärkte oder Bienenbörsen gibt. Auch hier werden Bienenvölker zum Kauf angeboten. Lassen Sie sich in einem solchen Fall jedoch die Herkunft der Bienen bescheinigen. Außerdem finden Sie in den Kleinanzeigenteilen der gängigen Imkermagazine sowie im Internet, zum Beispiel unter www.imkermarkt.de oder www.bienenjournal.de, reichlich Anzeigen. Dort können Sie auch gute und gebrauchte Werkzeuge finden.

5. Wann beginne ich am besten mit der Bienenhaltung?

Der ideale Zeitpunkt für den Start als Imker ist das Frühjahr. Ableger oder Kunstschwärme aus dem Vorjahr mit einer jungen Königin entwickeln sich nun am leichtesten. Preiswerter sind Ableger aus dem aktuellen Jahr. Sie sollten aber groß genug sein, um bis zum Winter die ideale Stärke zu erreichen. Sie bringen im ersten Jahr allerdings noch keinen Ertrag, was natürlich den Spaß etwas trügt.

6. Für welche Bienenrasse soll ich mich entscheiden?

In Deutschland ist die häufigste Honigbiene die Carnica-Biene. Es gibt fünf Kriterien, nach denen Sie das geeignete Bienenvolk aussuchen sollten.

Zum einen sind es natürlich die Robustheit und die Gesundheit, die eine Rolle spielen. Für Krankheiten anfällige Bienen machen nicht nur viel Arbeit, die Chance, dass sie den Winter unbeschadet überstehen, ist auch geringer. Natürlich schaut der Imker auch auf den Honigertrag. Im Schnitt bringt ein deutsches Bienenvolk etwa 20 bis 30 Kilogramm Honig pro Jahr.

Ein weiterer Aspekt ist die Sanftmut des Bienenvolkes. Weniger angriffslustige Bienen erleichtern die Arbeit des Imkers ungemein. Weitere Auswahlkriterien betreffen die Schwarmneigung und den Wabensitz. Die Bienen sollten auf Maßnahmen zur Schwarmvermeidung reagieren und außerdem ruhig auf ihren Waben sitzen. Entscheidend für die Friedfertigkeit eines Bienenvolkes ist allein die Qualität der Königin, daher sollte man bei einem Kauf einer Königin auf die Qualität und nicht nur auf den Preis schauen.

7. Worauf muss ich beim Kauf eines Bienenvolkes achten?

Wichtig ist, dass der Züchter eine Bescheinigung vom Herkunftslandratsamt nachweisen kann. Die Bienen dürfen nämlich nicht aus einem Gebiet stammen, das aufgrund der Faulbrut-Seuche gesperrt ist. Werfen Sie aber auch selbst einen Blick auf das Volk. Auch ein Laie kann erkennen, ob ein Bienenvolk gesund ist oder ob ein lückenhaftes Brutnest auf eine Brutkrankheit schließen lässt. Haben die Bienen Darmkrankheiten erkennt man dies an Kotspritzern am Flugloch und auf den Waben. Gerade für den Anfänger ist vom Kauf von Importvölkern abzuraten. Sie könnten gefährliche Krankheiten einschleppen. Solche Völker sollte man als Laie, der nicht jede Bienenkrankheit sofort erkennt, nicht kaufen, egal wie günstig der angebotene Preis auch sein mag.

8. Muss ich die Bienenhaltung anmelden?

Die Bienenseuchenverordnung schreibt vor, dass jeder Imker zu Beginn seiner Tätigkeit der zuständigen Behörde, dem Veterinäramt, anzuzeigen hat, wie viele Bienenvölker er an welchem Standort halten möchte. Er wird dann registriert und bekommt eine zwölfstellige Registernummer. Das Veterinäramt ist eine untergeordnete Behörde der Landratsämter beziehungsweise der Kreis- oder Stadtverwaltungen.

Besteht der Verdacht auf Krankheiten wie die Amerikanische Faulbrut, die Acariose oder die Varroose oder auf einen Befall durch den Kleinen Beutekäfer oder die Tropilaelaps-Milbe, so ist der Imker gehalten, dies der Behörde mitzuteilen. Diese kann dann eine amtliche Untersuchung anordnen. Der Imker muss dabei jegliche Unterstützung zur Verfügung stellen. Er ist aber auch angehalten, bestimmte Schutzmaßnahmen vorzunehmen, um einen Befall von vornherein zu vermeiden.

9. Für welche Beute soll ich mich entscheiden?

Welche Beute verwendet wird ist oft regional sehr unterschiedlich. Der Anfänger kann sich bei der Auswahl im ersten Schritt an dem Einsatzzweck der Beute orientieren. Nicht jede Beute ist für jeden Standort geeignet.

Will er die Beute frei aufstellen, muss ein Witterungsschutz oder Dach vorhanden sein. Im Freistand oder Bienenhaus geht die Arbeit leichter von der Hand, wenn sich die Beuten bequem von oben bedienen lassen.

Wer mit seinen Bienenstöcken wandert, benötigt eine Beute, die ein spezielles Lüftungsgitter aufweist. Für die Wanderung eignen sich auch nur Beuten, die relativ leicht sind und deren Waben wirklich fest sitzen. Spezielle Wanderbeuten sind so konstruiert, dass sie sich leicht transportieren lassen.

Ist man unsicher, sollte man sich für eine Beute entscheiden, die in der Region besonders häufig anzutreffen ist. Zubehör und Ersatzteile sind dann leichter zu bekommen. Im Verein trifft man dann auch genügend Imker, die einem mit Rat und Tat zur Seite stehen können.

10. Wie groß sind eigentlich Brutzellen?

Die Größe einer Arbeiterinnenzelle beträgt 11 bis 12 Millimeter in der Tiefe und etwa die Hälfte davon in der Breite. Drohnenzellen sind 7 Millimeter breit und 15 Millimeter tief. Die größten Zellen aber sind die Weiselzellen. Die Königinzelle hat eine Länge von 20 bis 24 Millimeter und ist damit doppelt so lang wie die einer Arbeiterin. Sie ist 9 Millimeter breit.

11. Und wie groß sind die einzelnen Bienenwesen?

Die Königin hat eine Länge von 16 bis 18 Millimeter, der Drohn ist um ein bis drei Millimeter kleiner. Die Arbeitsbiene erreicht hingegen nur eine Größe von 12 bis 13 Millimeter.

12. Sind die Entwicklungszeiten der drei Bienenwesen unterschiedlich?

Ja. Die Entwicklungszeit einer Königin beträgt 16 Tage, die einer Arbeiterin 21 Tage und die des Drohns 24 Tage.

13. Was wiegt eine Biene?

Eine Arbeitsbiene wiegt etwa 90 Milligramm, ein Drohn doppelt so viel und die Königin fast drei Mal so viel. Sie hat im Durchschnitt ein Gewicht von 250 Milligramm.

14. Wie schnell können Bienen fliegen?

Bienen können bis zu 250 Doppelflügelschläge pro Sekunde ausführen. Dabei erreichen sie Fluggeschwindigkeiten von 26 bis 30 Stundenkilometer. Während des Fluges können sie dabei bis zu 75 Prozent ihres Körpergewichts an Nektar oder Pollen transportieren. Das entspricht 60 Milligramm Nektar oder umgerechnet 4 Millionen Pollenkörnern. Übrigens legt eine Biene in ihrem gesamten Leben eine Flugstrecke von etwa 800 Kilometer zurück.

15. Wie oft muss eine Arbeitsbiene eigentlich eine Larve pflegen?

Das hätten die wenigsten Imker gewusst: Im Schnitt kommt eine Arbeitsbiene auf etwa 2.000 Pflegebesuche pro Larve. Kein Wunder, dass eine Sommerbiene bereits nach sechs Wochen stirbt. Bis dahin hat sie ununterbrochen gearbeitet.

16. Gibt es Zahlen darüber, wie viele Bienen für ein Kilogramm Honig benötigt werden?

Michael Rieder, ein junger Imker, hat die enorme Leistung der Bienen einmal anschaulich beschrieben. Er sagt: Ein Bienenvolk sendet pro Tag durchschnittlich etwa 10.000 Flugbienen aus. Diese 10.000 Bienen befruchten pro Tag etwa zehn Millionen Blüten. Eine Biene trägt pro Ausflug 50 mg Nektar nach Hause.

Sie muss 20.000 Mal ausfliegen, um einen Liter Nektar zu ernten - ein Liter Nektar ergibt aber nur 150 g Honig. Für ein Kilogramm Honig müsste eine einzelne Biene also drei Mal die Erde umkreisen.

Übrigens: Wussten Sie das? Fast die Hälfte, nämlich 47 Prozent aller Kulturpflanzen und sogar 85 Prozent aller Obstarten werden durch Bienen bestäubt.

Bienen sind also nicht nur für unseren leckeren Honig wichtig, sondern auch für die Bestäubung vieler anderer Lebensmittel.

17. Was ist der Ventiltrichter?

Der Ventiltrichter verbindet den Mitteldarm der Biene mit der Honigblase. Durch Schließen und Öffnen des Trichterkopfes kann die Biene Fremdkörper aus der Honigblase entfernen und Pollen oder Sporen zuführen. Auf diese Weise kann die Biene auch Nektar zu Honig weiterverarbeiten.

Jungbienen lagern im Fetteiweißkörper Nährstoffe. Je nach Trachtenangebot ist der Fetteiweißkörper größer oder kleiner ausgebildet. Vor dem Winter ist er besonders groß, da die Biene jetzt große Vorräte anlegen muss, damit sie in den kalten Monaten nicht hungert.

Auf den Belegstellen werden Tausende neuer Bienenköniginnen Jahr für Jahr herangezogen und begattet. Imker können ihre Bienen hier abgeben und eine neue Jungkönigin einweisen lassen. Neben den Landbelegstellen gibt es in Deutschland auch die nord- und ostfriesischen Inselbelegstellen vor der deutschen Küste. Pro Jahr laufen allein hierüber 10.000 Königinnen.

18. Wo liegen die Wachsdrüsen der Biene?

Die vier Wachsdrüsenpaare der Biene liegen auf der dritten, vierten, fünften und sechsten Bauchschuppe. Während der Zeit als Ammenbiene werden sie erst vollständig entwickelt. Die Wachsdrüsen produzieren winzig kleine Wachsschuppen, die weniger als ein tausendstel Gramm schwer sind. Für ein Gramm Wachs werden 1.250 Wachsplättchen benötigt. Das von der Biene produzierte Wachs ist übrigens reinweiß. Gelb wird es erst durch die Verbindung mit Pollen und Kittharz.

19. Welche Bedeutung hat der Fetteiweißkörper?

Der Fetteiweißkörper bestimmt darüber, wie lange eine Biene lebt. Bei Winterbienen ist der Fetteiweißkörper sehr groß, bei Sommerbienen ist er quasi nicht vorhanden.

20. Woher bekomme ich eine gute Bienenkönigin?

Qualitativ hochwertige Königinnen bekommen Sie nur beim anerkannten Züchter. Manchmal geben aber auch Prüfhöfe Zuchtmaterial ab. Außerdem kann man bei Bienenbelegstellen und Lehrbienenständen oder Vereinen Bienen mit geprüfter Herkunft erwerben.

21. Was ist eine Belegstelle?

Bienenbelegstellen sind anerkannte Paarungsplätze, an denen die Paarung von Bienenköniginnen zu Zuchtzwecken mit dort gehaltenen Drohnen stattfindet. Solche Belegstellen haben einen geschützten Umkreis von durchschnittlich siebeneinhalb Kilometer, manchmal aber auch zehn Kilometer. In diesem Radius dürfen keine anderen als die von der Belegstelle gezüchteten Bienenrassen vorkommen. Auf diese Weise wird eine reinrassige Zucht gewährleistet.

22. Wie lange dauert es, bis eine Königin sich entwickelt hat?

Eine Königinentwicklung beträgt 16 Tage, drei davon als Ei, fünf Tage als Made und acht Tage als Puppe. Am neunten Tag der Verpuppung schlüpft die neue Königin. In Bienenbüchern aus der Vergangenheit findet sich oft ein Spruch, anhand dessen man sich die unterschiedlichen Stadien gut merken kann: „3,5,8, die Königin ist gemacht".

23. Wann legt eine junge Königin Eier?

Die frisch geschlüpfte Königin will nach etwa sechs bis sieben Tagen zur Begattung ausfliegen. Lässt das Wetter dies nicht zu, kann der Hochzeitsflug noch bis zu drei Wochen nach hinten verschoben werden. Erst danach verliert die Königin ihren Begattungsdrang. Sie legt dann entweder drohnenbrütige Eier oder wird vom Bienenvolk getötet.

Kann die Königin aufgrund ungünstiger Witterung nur einmal ausfliegen, sammelt sie in ihrer Sammelblase womöglich nicht genug Sperma, weil sie nur von zwei oder drei Drohnen begattet wurde. Dann wird sie von ihrem Volk umgeweiselt, also ausgetauscht.

Es kann also höchst unterschiedlich sein, wann die Jungkönigin mit der Eiablage beginnt.

24. Wie viele Eier legt eine Königin eigentlich?

Eine Königin erreicht im Durchschnitt ein Lebensalter von drei bis fünf Jahren. In dieser Zeit legt sie jeweils zwischen Februar und August täglich bis zu 2.000 Eier. Im Jahr sind das ungefähr bis zu 130.000, in ihrem gesamten Leben etwa eine halbe Million Eier.

25. Wie beurteile ich die Qualität einer Königin?

Eine Königin sollte nicht nur möglichst vital sein und viele Eier legen. Sie sollte auch einem kräftigen, gesunden Volk entstammen.

Verletzungen der Königin sind ebenso wie Besamungsfehler unbedingt zu vermeiden. Manchmal passieren Verletzungen an den Flügeln, wenn der Imker die Königin mit einem Punkt kennzeichnet. Bei der Kennzeichnung sollte man daher besonders vorsichtig vorgehen.

Die Begattungseinheiten sollten zudem über genügend Bienen verfügen. Pro Pflegevolk einer Königinnenzucht sollten maximal 10 Weiselzellen vorhanden sein.
Wenn möglich sollte die Brunstphase der Königin auch nicht in eine Schlechtwetterphase fallen. Sie fliegt dann weniger häufig aus und kann ihre Samenblase nicht vollständig füllen. Die Folge: ein zu hoher Anteil an Drohnenbrut.

26. Darf jeder Imker Königinnen züchten und verkaufen?

Im Prinzip darf jeder Imker Königinnen züchten. Kleine Imkereien verfügen aber in der Regel nicht über genügend Bienenvölker, um eine qualitative Auslese der Zuchtvölker vornehmen zu können. Daher sind es meist größere Betriebe, die die Königinnenzucht betreiben.

Allerdings müssen Bienenzüchter, die mehr als 50 Königinnen im Jahr verkaufen, regelmäßig an einer Leistungsprüfung teilnehmen. So jedenfalls sieht es zum Beispiel das Bayerische Tierzuchtgesetz vor. In dieser Leistungsprüfung werden Kenntnisse in Prüfkriterien wie Honigleistung und Sanftmut abgefragt sowie Fragen aus Theorie und Praxis der Bienenzucht gestellt. Interessierte Imker, die in größerer Anzahl Königinnen züchten möchten, müssen sich deshalb rechtzeitig um einen Prüfplatz bewerben. Die Ergebnisse der Leistungsprüfungen werden übrigens in der Fachpresse mit Namen veröffentlicht.

27. Was gehört zu den Aufgaben eines Imkers?

Ein Imker hat unzählige Aufgaben. Er muss sein Bienenvolk aufbauen oder vereinigen, durch Ablegerbildung oder den Ersatz der Königin erneuern, er muss die Beute reinigen und erweitern, Zargen und Waben entnehmen, eine Wintereinfütterung vornehmen, Krankheiten behandeln. Im Notfall muss er auch ein Volk auflösen. Der Imker muss den Honig machen und dafür sorgen, dass keine Räuber in den Bienenstock eindringen. Er muss alte Waben einschmelzen und neue Mittelwände bauen oder kaufen.

Für jede dieser Tätigkeiten benötigt der Imker unterschiedlichste Gerätschaften und Werkzeuge. Alle diese Aufgaben muss der Imker auch dann durchführen, wenn er die Imkerei lediglich als Hobby betreibt. Berufsimker unterscheiden sich vom Hobbyimker überwiegend darin, dass sie neben der Bienenhaltung auch eine Bienenzucht betreiben. In der Regel haben sie auch mehr Bienenvölker als ein Hobbyimker.

Heute gibt es allerdings nur noch wenige Berufsimker. 2007 verzeichnete der Deutsche Imker Bund noch gut 85.000 Hobbyimker, denen lediglich 436 Berufsimker gegenüberstanden. Die Zahlen sind zudem weiterhin rückläufig. Deutschland wird daher auch als Entwicklungsland der Imkerei bezeichnet.

Das kann auf die Dauer zu großen Problemen in der Bestäubung führen. Von den Bienen hängt deutlich mehr ab, als nur unsere Honigproduktion.

28. Gibt es spezielle Software für die Arbeit des Imkers?

Ja, natürlich gibt es auch Software, die sich speziell mit den Aufgaben eines Imkers befasst. Mittlerweile führen viele Imker Buch auf ihrem PC. Sie verwenden dafür spezielle Programme zur Auswertung der Wetterprognosen sowie Zuchtbücher mit elektronischen Stockkarten, Varooa-Zählprogramme und Waagen, mit Hilfe derer sich Gewichtskurven anfertigen lassen. Sie arbeiten zum Teil sogar mit Flügelindex-Programmen zur Merkmalbestimmung. Der Imker kann dabei bis zu 50 Flügel einscannen und vermessen lassen.

Standortverwaltung und Terminverwaltung sind in der Regel in einer Imkersoftware ebenso enthalten wie Statistiken und Inventarlisten beziehungsweise die Materialverwaltung. Im Angebot sind unterschiedlichste Programme verschiedener Hersteller, zum Teil mit sehr unterschiedlichem Fokus.

Züchter sollten darauf achten, dass die Imkersoftware auch eine Zuchtverwaltung anbietet. Für Berufsimker eignen sich insbesondere Softwareprogramme, die auch eine Rentabilitätsrechnung und Deckungsbeitragsrechnung anbieten. Wanderimker benötigen ein Programm, das es ihnen ermöglicht, unterschiedliche Wanderstandorte zu verwalten und qualitativ zu bewerten. Dabei sollten sowohl Pflanzen als auch allgemeine Standortfaktoren erfasst werden können.

Moderne Software arbeitet vermehrt mit grafischen Darstellungen und Auswertungen sowie Landkarten. Empfehlenswert sind daher insbesondere Programme, die auch regelmäßig Updates anbieten. Sie erhält man zum Teil auch in einer Pocket-Version, mit der der Imker direkt vor Ort Daten erfassen oder ablesen kann.

29. Erweitert man einen Schwarm nach oben oder nach unten?

Als Schwarm bauen die Bienen Mittelwände oder Leerrahmen von oben nach unten aus. Sonst tun sie das nur bei starkem Druck, also wenn die Bienendichte im Stock zu groß ist.

Es empfiehlt sich daher, eine weitere Zarge immer oben aufzusetzen. Sie wird dann zuerst als Futterlager genutzt. Benötigt das Volk später mehr Platz, wird es die Mittelwände ausbauen.

30. Was darf ich tun, um mein schwärmendes Bienenvolk wieder einzufangen?

Bei der Verfolgung seines Schwarms darf der Imker auch fremdes Grundstückseigentum betreten. Allerdings dürfen dabei keine Schäden auftreten, sonst haftet er für diese. Es gibt spezielle Paragraphen im BGB, die sich auf die Imkertätigkeit beziehen, so zum Beispiel die Paragraphen § 961 und § 962. Hier heißt es wörtlich:

§ 961: Da es sich bei Bienen grund-sätzlich um wilde Tiere (also Tiere, die niemandem gehören und frei leben, § 960 BGB) handelt, wird ein Schwarm (Königin und zugehörige Arbeitsbienen) herrenlos, das heißt, zur Aneignung durch Dritte frei, sobald er aus dem Stock auszieht. Denn anders als andere Nutztiere legen die Bienen die nach § 960 Abs. 3 BGB maßgebende Gewohnheit, an einen bestimmten Ort zurückzukehren, plötzlich aber regelmäßig ab. Verfolgt der bisherige Eigentümer den Schwarm unverzüglich, kann er weiter das Eigentum an dem Schwarm beanspruchen, es sei denn, er gibt die Verfolgung auf.

§ 962: Solange er den Schwarm verfolgt, darf der Eigentümer auch fremde Grundstücke betreten. Findet der Schwarm einen neuen leeren Stock, darf der Eigentümer diesen öffnen, um die Bienen einzufangen und auch Waben herauszubrechen. Richtet er dabei Schäden an, so hat er diese zu ersetzen.

31. Welche Schwarmformen gibt es?

In der Bienenhaltung unterscheidet man vier Formen der Schwarmbildung: Die erste ist der Singerschwarm, die zweite der Vorschwarm, die dritte der Nachschwarm und die vierte der Jungfernschwarm.

Der erste Schwarm im Jahr mit einer jungen Königin ist der so genannte Singerschwarm. Er wird ausgelöst,

wenn die alte Königin verloren geht.

Schwärmt hingegen eine alte Königin mit einem Schwarm aus, weil eine junge Bienenkönigin schlüpft, so bezeichnet man dies als Vorschwarm.

Ihm folgt in der Regel etwas später ein Nachschwarm, der den Bienenstock erst dann verlässt, wenn die junge Königin geschlüpft ist.

Ein Vorschwarm, der im gleichen Jahr noch einmal schwärmt, wird als Heidschwarm oder Jungfernschwarm bezeichnet.

32. Welche Unterkünfte bevorzugen Schwärme?

Bienenschwärme suchen sich am liebsten Behausungen, die etwa zwei Meter über dem Boden liegen. Sie bevorzugen dabei Hohlräume mit einem Flugloch am Boden, das im Optimalfall nach Süden ausgerichtet ist. Natürlich wählen sie Hohlräume mit vorhandenen Waben bevorzugt aus. Der Imker benutzt deshalb speziell konstruierte Schwarmfangkörbe, um einen Schwarm einzufangen.

33. Was benötige ich zum Einfangen eines Schwarms?

Ein leichter Bienenkorb oder Schwarmfangkorb wird benötigt, um den Schwarm zu transportieren. Besprüht man den Schwarm dabei mit Wasser, rückt er enger zusammen und kann leichter eingefangen werden.

Unbedingt mit sich führen sollte der Imker auch einen kleinen Käfig für die Königin. Sie muss nämlich schnell festgesetzt werden, damit sie nicht erneut ausfliegt. Als Käfig eignet sich zum Beispiel ein einfacher Lockenwickler. Mit etwas Rähmchendraht wird der kleine Käfig dann im Korb befestigt.

Astschere und Bienenbesen sind ebenfalls wertvolle Hilfsmittel beim Einfangen eines Bienenschwarms.

Es gibt im Fachhandel aber auch spezielle Königinnenkäfige, die auch nicht teuer sind.

34. Ich habe einen Schwarm gefangen – was nun?

Wer einen Schwarm unbekannter Herkunft gefangen hat, sollte ihn zunächst kühl und dunkel lagern. Man nennt dies auch Kellerhaft. Die Unterkunft für den neuen Schwarm sollte ausschließlich aus Baurahmen und Mittelrahmen bestehen. In den folgenden Wochen muss der Imker das neue Volk besonders intensiv beobachten. Er sollte jede Veränderung sorgfältig notieren und bei Krankheiten oder Brutdeformitäten sofort einen Fachmann zu Rate ziehen.

35. Welche Überlebenschancen haben Schwärme?

Findet ein Schwarm keine geeignete Behausung in der Nähe von ertragreichen Trachten, so hat er es schwer, ohne die Hilfe des Imkers den Winter zu überstehen. Der Hauptgrund dafür ist heute die Varroa-Milbe. Ohne Bekämpfung der Varroose steht jedes Volk spätestens nach ein paar Jahren vor dem Aus. Wilde Bienenvölker können daher heute kaum noch ohne Hilfe überleben.

36. Wie benutze ich einen Smoker und wie benutze ich ein Nelkenöltuch?

Den Rauchbläser oder Smoker füllt man am besten mit einer Mischung aus Stroh, Wellpappe, Holzspänen und Heublumen. Das verwendete Material sollte dabei nur glimmen. Dann ist die Rauchentwicklung am größten.

Ist ein Bienenvolk besonders aggressiv, gibt der Imker zwei bis drei Rauchstöße in das Flugloch. Nach zwei Minuten etwa wiederholt er den Vorgang. Die Bienen ziehen sich daraufhin zurück und füllen ihren Magen, damit sie die drohende Gefahr möglichst lange überleben können. Der Imker nutzt diesen Moment aus. Er kann jetzt relativ ungestört arbeiten. Je nach Dauer muss er eventuell weitere Rauchstöße aussenden.

Wer lieber ein Nelkenöltuch benutzen will, geht wie folgt vor. Man beträufelt ein weiches Tuch mit ein paar Tropfen Öl und legt es dann für zwei, drei Tage in ein verschließbares Glas. In dieser Zeit kann sich das Aroma gut verteilen und entfalten. Danach entnimmt der Imker das Nelkenöltuch und legt es auf den Kastendeckel.

Beim Öffnen der Beute hält der Imker das Tuch kurz an die Öffnung des Bienenstocks. Schon nach ein paar Sekunden ziehen sich die Bienen in das Innere des Stocks zurück. Trocknet das Nelkenöltuch ab, kann man es mit ein paar Spritzern Wasser erneut auffrischen. Mit der Zeit verflüchtigt sich allerdings das Öl und das Tuch verliert an Wirksamkeit. Dann kann man es auf die gleiche Weise wie zu Beginn wieder behandeln.

Während der trachtlosen Zeiten sind die Bienen oft angriffslustiger. Manche Imker benutzen jetzt deshalb zwei Nelkenöltücher gleichzeitig, wenn sie eine Wabe entnehmen.

Nelkenöl ist übrigens frei verkäuflich und in allen Apotheken zu bekommen. Händler für Imkereibedarf führen das Öl in der Regel auch. Nelkenöl duftet sehr stark und haftet leider auch nur allzu gut an den Händen des Imkers. Mein Tipp: Eine gängige Handwaschpaste beseitigt den Geruch am besten.

37. Was heißt das: Der Imker muss seine Völker führen?

Der Imker hat eine große Verantwortung für seine Bienenvölker. Er muss sicherstellen, dass die Nahrungsversorgung gedeckt ist. Er muss den Bienen ausreichend Waben und Platz zur Verfügung stellen und muss gegebenenfalls die Schwarmneigung unterbinden. Dazu baut er den Beutenraum entsprechend aus.

Darüber hinaus behandelt er Krankheiten und reinigt und desinfiziert die Waben. Der Imker muss auch dafür sorgen, dass das Volk regelmäßig eine neue Königin bekommt und dass es sich durch Teilung oder Ablegerbildung vermehren kann. Alle diese Punkte fasst man unter dem Begriff Völkerführung zusammen.

38. Wo kann ich als Probe-Imker arbeiten?

Viele Imkervereine und Verbände bieten die Möglichkeit der Probeimkerschaft an. Auf diese Weise können interessierte Bienenfreunde ein Jahr lang ausprobieren, ob das Hobby der Imkerei für sie infrage kommt. Der Probeimker betreut dabei mindestens ein eigenes Bienenvolk. Dabei wird er für mindestens vier Monate von einem erfahrenen Imker, seinem Paten, unterstützt und besucht in dieser Zeit auch mindestens einen Theoriekurs in Bienenhaltung. Die Imkervereine nützen diese Probezeiten zur Nachwuchsförderung. Sie werden in manchen Bundesländern sogar bezuschusst.

39. Wie werde ich ein Bio-Imker?

Ein Bio-Imker muss nach bestimmten Richtlinien arbeiten. So müssen die Bienen möglichst ökologischer Herkunft sein. Sie dürfen nur Trachten aus biologischer Kultur besuchen oder aber Wildpflanzen. Ob dies der Fall ist lässt sich aufgrund von Rückständen im Honig und im Bienenwachs nachweisen. Die meisten Vorschriften aber betreffen die Haltung der Bienen. So müssen die Beuten aus natürlichem Material wie beispielsweise Holz oder Stroh bestehen.

Alle zusätzlichen Materialien wie zum Beispiel das Wachs für die Mittelwände müssen ebenfalls aus Ökoanbau stammen. Jegliche Tierarzneimittel sind außer zur Behandlung von Varroa destructor untersagt.

Die Bienen dürfen keinesfalls beschnitten oder verstümmelt werden. Drohnen dürfen nur noch im Falle einer Varroose vernichtet werden. Art und Menge sowie Datum der Fütterung sind bei der Bio-Imkerei genau zu notieren. Der Imker sollte die entsprechenden Vorgaben der EU Kommission genau studieren und Schritt für Schritt umsetzen. Die Umstellung auf eine biologische Bienenhaltung und Honigproduktion dauert etwa ein Jahr und unterliegt kontinuierlichen Kontrollen.

40. Wie werde ich Berufsimker?

Wer die Imkerei als Beruf ausüben möchte, benötigt dazu eine Berufsausbildung zum Tierwirt, Fachrichtung Imkerei. Die Ausbildung zum Berufsimker dauert drei Jahre. In der Abschlussprüfung muss der angehende Imker Kenntnisse in der Beurteilung und Bearbeitung von Bienenvölkern nachweisen, er muss Honig fachgerecht ernten und verarbeiten können sowie dazu in der Lage sein, die nötigen Betriebsmittel anzufertigen und instand zu halten.

41. Was ist ein Bestäubungsimker?

Fast 80 Prozent unserer Kulturpflanzen leben von der Bestäubung durch die Bienen. Obst, Beeren und Gemüsesorten wären nicht so ertragreich, würden sie nicht durch Bienenvölker bestäubt. Die großen Kulturen von Raps oder Obst können nur deshalb existieren, weil sie von den Bienen gerne besucht werden.

Der Bestäubungsimker hat die Aufgabe, gezielt für die Bestäubung von Kulturpflanzen zu sorgen. Er stellt seine Bienenvölker dazu zur rechten Zeit direkt in die Anbauflächen, damit die großen Trachten ausreichend bestäubt werden. Mit Erfolg. Insekten wie Bienen, Wildbienen und Hummeln sind heute wichtige Wirtschaftsfaktoren in der Landwirtschaft. Sie haben eine Schlüsselposition inne.

Ohne Bienen keine Pflanzen, ohne Pflanzen keine Nahrungsmittel, ohne Nahrungsmittel keine Menschen. Für die Arbeit des Bestäubungsimkers gibt es daher festgesetzte Prämien.

42. Was ist das Schröpfen?

Wird ein Bienenvolk zu stark, gerät es in Schwarmstimmung. Es will sich teilen. Der Imker möchte dies oft verhindern und greift deshalb zu unterschiedlichen Methoden der Schwarmverhinderung. Eine davon ist das Schröpfen. Beim Schröpfen werden dem Volk Bienen und Brutwaben entnommen. Die entnommenen Waben werden durch Leerwaben ersetzt. Die anderen Waben bilden die Grundlage für einen Ableger.
Ein gesundes Volk kann die Folgen des Schröpfens im Sommer innerhalb von vier bis sechs Wochen wieder wettmachen. Durch das Schröpfen verhindert der Imker, dass sich ein Volk hälftig teilt und dadurch eventuell zu stark geschwächt wird. Er entnimmt deshalb nur einen kleinen Teil des Volkes und stellt somit sicher, dass sich das Hauptvolk gut und schnell wieder entwickeln kann.

43. Wie viel Pollen benötigt ein Bienenvolk?

Der Pollen ist für die Ernährung der Bienen von besonderer Bedeutung. Nur er allein liefert das Eiweiß, das die Bienen für ihre Brut, aber auch für ihre eigene Ernährung so dringend benötigen. Pro Jahr und Volk rechnet der Imker daher mit einem Pollenbedarf von etwa 30 bis 50 Kilogramm. Steht nicht ausreichend Pollen zur Verfügung, bleibt die Brut unterentwickelt. Aber auch bei den erwachsenen Bienen entwickeln sich bei Pollenmangel die Drüsen nicht vollständig.

Der Pollen liefert alle lebensnotwendigen Bestandteile für Brut und Bienenvolk. Allerdings haben die Pollen je nach Quelle unterschiedliche Nährwerte. Nadelbaumpollen sind nicht so wertvoll wie Blütenpollen. Auch Pollen von Mais, Klee, Mohn und Weide sind minderwertig.

Leider nutzen Bauern diese Möglichkeit der Ertragssteigerung nur unzureichend.

44. Wie führe ich den Bienen Pollen zu?

Der Imker kann die Entwicklung der Bienen positiv beeinflussen, wenn er der Brut Pollen zuführt. Er kann dazu Pollen trocknen und fein mahlen oder aber mit Wasser vermischt in der Nähe des Flugloches aufstellen. Eine weitere Möglichkeit besteht darin, spezielle Pollenwaben in den Bienenstock einzuhängen. Dies geschieht durch den Imker häufig auch zur zusätzlichen Versorgung der Drohnen und der Drohnenbrut.

45. Was machen die Bienen mit Propolis?

Das Bienenvolk benötigt Kittharz, um Beutenöffnungen zu verkleinern, um Ritzen abzudichten und Zellen zu versteifen. Propolis wird aber auch dazu verwendet, um Unebenheiten auszutarieren und um kleine Bauarbeiten durchzuführen.

Kittharz setzen die Bienen aber auch zur Hygiene ein. So werden Eindringlinge von ihnen mit Propolis mumifiziert, damit sich keine Faulstoffe im Stock bilden. Da Propolis antibakteriell und antiviral wirkt, hat es immer auch eine gesundheitsfördernde Bedeutung im Bienenstock.

46. Darf ich als Imker Propolis verkaufen?

Solange der Imker Propolis nicht als Arzneimittel anbietet, darf er es ohne Einschränkung gewinnen und verkaufen. Tinkturen darf er allerdings nur für den eigenen Bedarf herstellen. Sie gelten als Arzneimittel.

Kosmetische Produkte wie Propolis-Creme hingegen dürfen sowohl produziert als auch vertrieben werden. Der Anteil an Propolis darf allerdings maximal zehn Prozent betragen. Propolislack darf der Imker ebenso verkaufen.

47. Wie produziert man einen reinen Sortenhonig?

Die Blühpflanzen, die von den Bienen besucht werden, also die Tracht, blühen zu unterschiedlichen Zeiten im Jahr. Der Imker muss also genau wissen, welche Tracht seine Bienen gerade besuchen und wann diese zum letzten Mal blüht. Nach diesem Termin richtet er seine Honigernte aus.

Häufig jedoch kommt es vor, dass viele unterschiedliche Trachten gleichzeitig blühen. Die Blüte von Löwenzahn fällt zum Beispiel immer zusammen mit der von Apfel, Birne, Kirsche und Pflaume. Deshalb kann der Imker zu diesem Zeitpunkt keinen Sortenhonig produzieren.

Nur in abgelegenen oder höheren Lagen wie im Allgäu oder auf der Schwäbischen Alb wird daher Löwenzahnhonig gewonnen. Hier blühen keine Obstbäume. Alle anderen Honige werden hingegen als Blütenhonige auf den Markt gebracht.

48. Was ist der optimale Wassergehalt bei Honig?

Die deutsche Honigverordnung schreibt vor, dass ein Honig einen maximalen Wassergehalt von 20 Prozent aufweisen darf. Dies gilt dann, wenn der Honig in einem neutralen Glas abgefüllt ist. Wird das Imkerglas des Deutschen Imker Bundes verwendet, darf der Honig sogar nur 18 Prozent

Wasser enthalten. Der Wassergehalt im Honig hängt unter anderem davon ab, wie viel Nektar die Bienen sammeln und wann sie ihn verdeckeln. In feuchten Sommern geschieht dies oft zu früh. Der Honig verliert aber Wasser, wenn man ihn erst etwas später entnimmt. Selbst durch die Deckel verdunstet das Wasser.

49. Was mache ich, wenn mein Honig einen höheren Wassergehalt hat?

Leider kommt es in den letzten Jahren immer häufiger vor, dass der Wassergehalt im Honig knapp 20 Prozent oder sogar mehr beträgt. Der Imker merkt dies spätestens beim Schleudern. Wenn der Honig keinen Kegel bildet, sollte der Imker das Schleudern abbrechen.

Was aber kann man mit zu flüssigem Honig anfangen? Am besten, man verfüttert ihn wieder an die Bienen, die ihn dann weiterverarbeiten. Es gibt nichts Schlimmeres, als feuchten Honig zu schleudern. Die Messung der Feuchte mit einem Refraktometer ist daher dringend für jeden Imker zu empfehlen. Leihen Sie sich ein Gerät, wenn Sie selbst keines haben.

50. Was mache ich bei Melizitosehonig?

Melizitosehonig ist Waldhonig mit einem hohen Gehalt an Dreifachzucker, der noch in der Wabe auskristallisiert. Der Honig lässt sich dann nicht schleudern. Der Imker kann die Waben aber entnehmen und den Honig in Wasser lösen. Anschließend verfüttert er ihn wieder an die Bienen unter Zugabe weiterer Leerwaben.

Er kann die Melezitose-Waben aber auch ausschmelzen. Allerdings leidet dabei die Qualität des Honigs und muss untersucht werden. Großimker verwenden manchmal auch ein Pressverfahren, um Melezitosehonig zu gewinnen. Für alle Maßnahmen ist jedoch Voraussetzung, dass der Melezitosehonig bereits reif ist.

Wichtig ist, dass der Melezitosehonig nicht im Brutnest belassen wird. Er ist zu gehaltvoll und würde kurz vor dem Winter den Darm der Bienen zu sehr belasten, so dass Ruhrerkrankungen die Folge sind. Methersteller verwenden Melezitosehonig zur Produktion von Honigwein.

51. Welche Vorschriften muss ich bei der Honigverarbeitung beachten?

Die Gewinnung und Verarbeitung von Honig unterliegt dem Lebensmittelrecht. Der Imker muss sich daher an die Lebensmittelhygienerichtlinie halten. Sie besagt, dass die Räume und Geräte zur Honigverarbeitung leicht zu reinigen sein müssen und aus lebensmittelechten Materialien bestehen müssen. Sie schreibt darüber hinaus einen Trinkwasseranschluss vor sowie gesonderte Waschbecken und Reinigungsbecken. Die Abfallbehälter müssen dicht verschließbar sein, an den Fenstern müssen Insektenschutzgitter angebracht sein.

Vor der Verarbeitung müssen die Räume gründlich gereinigt und gelüftet werden. Die Arbeitskleidung muss sauber sein. Alle Arbeitsschritte müssen zudem kontrolliert werden. Haustiere jeglicher Art haben hier selbstverständlich keinen Zutritt.

52. Gibt es tatsächlich genaue Vorschriften, mit welcher Waage man den Honig wiegt?

Zum Wiegen von Honig müssen geeichte Handelswaagen der Klasse III mit möglichst feiner Skalierung benutzt werden. Die benötigte Skalierung beträgt dabei das 0,2 fache der maximalen Abweichung. Ein Beispiel: Ein 500 Gramm schweres Glas Honig darf maximal 15 Gramm weniger wiegen. Die Waage muss daher eine Skalierung von drei Gramm oder kleiner haben. Handelswaagen weisen meistens eine Skalierung von zwei Gramm auf.
Im Zweijahresrhythmus müssen die Waagen außerdem geeicht werden. Da solche Waagen häufig sehr teuer sind, bieten die meistens Imkervereine Waagen im Verleih an.

53. Welche Rechtsgrundlagen gibt es für die Abfüllung?

Die Abfüllung von Honig unterliegt dem Eichgesetz und dem Lebensmittel- und Futtermittelgesetzbuch. Demnach darf die maximale Abweichung beim Gewicht drei Prozent betragen. Ein Honigglas von 500 Gramm muss also mindestens 485 Gramm wiegen. Gläser mit Mindermengen müssen durch solche mit größeren Mengen in der Summe ausgeglichen werden. Für die exakte Wägung muss eine geeichte Waage mit geeigneter Skalierung verwendet werden.

Weiterhin definiert die Richtlinie zur Abfüllung auch Qualitätskriterien wie

den Zucker- und den Wassergehalt, den Säureanteil, den Fermentgehalt sowie die elektrische Leitfähigkeit und den Anteil an wasserunlöslichen Stoffen. Die Mindestanforderungen werden in der deutschen Honigverordnung beschrieben. Minderwertiger Honig darf ausschließlich als Backhonig vertrieben werden.

54. Was besagt die deutsche Honigverordnung?

In Anlage 1 der deutschen Honigverordnung findet man genaue Begriffbezeichnungen und Verkehrsbestimmungen. Hier werden auch die Honigarten beschrieben. Die Anlage 2 der Honigverordnung macht exakte Angaben über die Bestandteile und Qualitätsanforderungen von Honig. Zusammengefasst lässt sich sagen, dass Honig ein Naturprodukt ist, dem nichts hinzugefügt, aber auch nichts entzogen werden darf. Die spezifischen Anforderungen betreffen den Zuckergehalt unterteilt in Fruktose- und Glukoseanteil sowie den Saccharoseanteil. Sie definieren darüber hinaus den maximalen Wassergehalt sowie den Gehalt an wasserunlöslichen Stoffen, an Säuren und an HMF und bestimmen darüber hinaus auch den Enzymgehalt.

55. Was ist ein Sensorikprofil?

Zur exakten Beschreibung von Farbe und Aussehen, Geschmack, Geruch und Textur des Honigs werden bestimmte Begriffe herangezogen. In Ergänzung zur Laboruntersuchung ergibt sich so für jeden Honig ein individuelles Sensorikprofil. Die Wahrnehmungsintensität wird dabei von 1 (gering) bis 10 (stark) beschrieben.

Für die Beschreibung der Sensorik benutzt man folgende Begriffe: Farbe und Aussehen werden als beige, gelb, braun, glänzend, leuchtend oder klar beschrieben. Der Geschmack ist süß, bitter, malzig, dattelig, minzig, schmeckt nach Heidekraut, Raps, Lindenblüte oder fruchtig, nach karamellisiertem Zucker oder adstringierend.

Der Geruch kann blumig oder heuig/stallig sein, aromatisch, würzig, herb oder malzig. Der Honig kann nach Raps oder Linde, nach karamellisiertem Zucker oder Buttersäure und Menthol riechen, urinig, stechend oder wachsig sein.

Zur Beschreibung der Konsistenz werden Begriffe wie dünnflüssig, klebrig, pastig, cremig, grieselig und fettig verwendet.

56. Warum kristallisiert Honig aus dem Supermarkt nicht aus?

Ob der Honig auskristallisiert und wie schnell das passiert hängt von seinem Glukosegehalt ab. Je mehr Traubenzucker er enthält, umso fester ist der Honig.

Honigtauhonige haben besonders wenig Glukose. Sie bleiben daher fast immer flüssig. Gleiches gilt für bestimmte Sorten: Akazienhonig und Robinienhonig sind selten cremig, sondern eher flüssig.

Qualitativ minderwertig ist Honig aus dem Supermarkt, wenn er gefiltert oder erhitzt wurde. Dies wird häufig getan, damit er sich leichter abfüllen lässt. Beim Erhitzen werden jedoch wertvolle Enzyme zerstört.

Werden die Pollen aus dem Honig herausgefiltert, gehen die Kristallisationskerne verloren, an denen der Honig kandieren könnte. Ein so behandelter Honig kann nicht mehr als naturbelassen gelten und sollte nicht gekauft werden. Außerdem lässt sich ein solcher Honig auch nicht auf seine Sortenreinheit beziehungsweise auf seine Herkunft überprüfen. Nur die Pollen geben zuverlässig Auskunft über die Trachten.

57. Welche Angaben darf ich auf dem Honig machen, um auf die Qualität hinzuweisen?

Die Leitsätze für Honig erlauben folgende, die Qualität hervorhebende Angaben.

Begriffe wie Auslese oder Auswahl dürfen immer dann verwendet werden, wenn sich durch eine gezielte Auswahl Qualitätseigenschaften wie Farbe, Aussehen, Konsistenz und Geschmack vom Durchschnitt abheben.

Nur wer seinen Honig besonders sorgfältig verarbeitet, lagert und abfüllt, darf Angaben machen wie „kalt geschleudert" oder „wabenecht" und „mit natürlichem Fermentgehalt" sowie Beschreibungen wie „beste" oder „feinste" verwenden. Dann muss der Honig allerdings einen Saccharase Anteil von mindestens HADORN-Zahl 7 aufweisen. Er darf darüber hinaus maximal 20 Milligramm Hydroxymethylfurfural pro Kilogramm enthalten. Liegt die Saccharase Zahl bei 10 oder höher, darf mit dem Begriff „fermentreich" geworben werden.

58. Wie überzeuge ich Kunden, dass deutscher Honig besser ist als Importhonig?

Generell unterliegen alle in Deutschland verkauften Honige der deutschen Honigverordnung. Minderwertige Qualität weist daher keiner der Honige auf. Die Honige, die gemäß den strengeren Qualitätsanforderungen des Deutschen Imker Bundes produziert werden, sind allerdings qualitativ noch hochwertiger. Um diese Qualität zu erreichen, ist ein hoher Aufwand nötig, der sich auch im Preis niederschlägt. Wer einen besonders hochwertigen Honig kaufen möchte, sollte daher auf Beschreibungen wie „Auslese", „kaltgeschleudert", „wabenecht" oder „mit natürlichem Fermentgehalt" achten. Diese Angaben dürfen nur bei überdurchschnittlicher Qualität gemacht werden.

59. Was bedeutet die Produkthaftung beim Honig?

Jeder Imker übernimmt die Haftung für das von ihm auf den Markt gebrachte Produkt. Er muss dafür sorgen, dass niemand, der das Produkt verwendet, zu Schaden kommt. Im Verband organisierte Imker sind in der Regel über diesen haftpflichtversichert. Dies gilt aber nur für Honig, nicht für andere Honigprodukte mit heilender oder medizinischer Wirkung. Diese fallen unter das Arzneimittelgesetz und unterliegen anderen Zulassungsbestimmungen. Als Imker sollte man sich bezüglich eines Versicherungsschutzes am besten direkt beim regionalen Imkerverband erkundigen.

60. Wie lagert man Honig?

Wird Honig in verschlossenen Gläsern über einen längeren Zeitraum gelagert, so ist eine dunkle und kühle Umgebung zu empfehlen. Wer möchte, kann ihn sogar in der Gefriertruhe aufbewahren. Es muss dazu allerdings sichergestellt sein, dass die Gläser luftdicht verschlossen sind. Feuchtigkeit darf nicht in den Honig eindringen.

Für viele überraschend: Die Lagerung in der Kühltruhe ist sogar ausgesprochen vorteilhaft, weil die Enzyme dabei erheblich langsamer abgebaut werden. Außerdem bildet sich so weniger Hydroxymethylfurfural. Da HMF als Qualitätsindikator für Honig gilt, hat ein kühl gelagerter Honig eine höhere Qualität als ein warm gelagerter. Der Honig könnte über Jahrzehnte in der Kühltruhe aufbewahrt werden, ohne dass er die Grenzwerte erreichen würde. Honig ist also nahezu unbegrenzt haltbar, allerdings nur, wenn er richtig gelagert wird.

61. Warum entsteht Melezitose-Honig?

Je nach Honigtauerzeuger enthält der Honigtau unterschiedliche große Mengen an Melezitose. Den höchsten Gehalt verzeichnen Fichtentauhonige. Der Honigtau der Großen Schwarzen Fichtenrindenlaus ist Schuld daran. Er besteht zur Hälfte aus Melezitose. Je mehr Melezitose im Honigtau vorhanden ist, umso mehr davon befindet sich anschließend auch im Endprodukt nach der Verarbeitung, also im Honig.

Enthält er über ein Fünftel dieses Zuckers, kristallisiert er bereits in den Waben aus. Dieser so genannte Zementhonig tritt besonders häufig gegen Ende der Fichtentracht auf.

In Verbindung mit Lärchen wird die Melezitose gebracht, weil ihr Entdecker die Zuckerart erstmals dort nachweisen konnte. Mit der Lärchentracht an und für sich hat unser Zementhonig aber nichts zu tun.

62. Wann verwendet man die Bezeichnung Waldhonig?

Die neue Honigverordnung sieht vor, dass Honige, die keine Blütenhonige sind, ab jetzt als Honigtauhonige zu bezeichnen sind, also nach ihrer Quelle. Von manchen Umweltämtern werden seitdem Honige mit der Bezeichnung Waldhonig beanstandet. Dies jedoch zu Unrecht nach Meinung vieler Experten. Da Waldhonig in Deutschland eine gängige Bezeichnung für Honigtauhonig ist, ist es auch weiterhin vertretbar diesen Begriff zu verwenden. So sieht es im Übrigen auch die Europäische Kommission.

63. Was wird bei der Honiganalyse eigentlich untersucht?

Der Deutsche Imker Bund beurteilt den Honig nach festgelegten Kriterien. Dazu wird eine Teilanalyse beziehungsweise eine Vollanalyse vorgenommen.

Die Teilanalyse beurteilt den Honig nach seinem Geruch, Aussehen und Geschmack, nach Farbe, Sauberkeit und Konsistenz. Sie kontrolliert den Wassergehalt und überprüft, ob der Honig erhitzt wurde. Dazu ermittelt sie die Invertase-Aktivität, die übrigens auch Aufschluss gibt über den Reifegrad des Honigs. In Einzelfällen wird auch der Gehalt an HMF gemessen.

Darüber hinaus bestimmt die Vollanalyse die genaue Herkunft des Honigs. Sie zieht Werte aus der Pollenanalyse für die Beurteilung heran und misst Zuckerspektrum und Leitfähigkeit, manchmal auch den Sedimentgehalt (so werden die im Honig enthaltenen Pollen und Wachsreste bezeichnet). Dieser wird beispielsweise bei der Untersuchung von Heidehonig bestimmt.

64. Was muss ich beachten, wenn ich meinen Honig an der Haustür verkaufen möchte?

Der Verkauf von Honig ist nicht im eigentlichen Sinne eine gewerbliche Tätigkeit. Der Imker benötigt deshalb dafür auch keinen Gewerbeschein. Verkauft er allerdings darüber hinaus andere Produkte, die aus weiterverarbeitetem Honig bestehen oder aber zugekauft wurden, ist die Sache anders. In solchen Fällen sollte der Imker vor dem Verkauf bei seiner Gemeindeverwaltung nachfragen, wie er vorzugehen hat.

65. Wie oft muss eine Biene ausfliegen, um ein Pfund Honig zu produzieren?

Um ein Pfund Honig zu gewinnen, müssen die Bienen mehrere Millionen von Blütenbesuchen machen. Pro Pfund sind es etwa fünf Millionen Besuche. Ein Kilogramm Honig entspricht dabei der Lebensarbeit von 400 Bienen.

66. Was bedeutet Verbrausen?

Wird der Bienenstock zu einer neuen Tracht transportiert, verschließt der Imker das Flugloch während der Wanderung. An heißen Tagen kann es dann zum so genannten Verbrausen kommen.

Weil es so warm ist, wollen die Bienen ausfliegen und haben dafür einen Nahrungsvorrat aufgenommen. Sobald sie merken, dass sie den Stock nicht verlassen können, geraten sie in Panik. Sie verbrennen mehr Nahrung, wodurch sich der Bienenstock noch weiter aufheizt.

Bald schon wird der Honigraum instabil und sackt in sich zusammen. Die Waben schmelzen. Bienen, Honig und Wachs findet der Imker dann in einer unförmigen Masse zusammenklebend auf dem Boden seiner Beute – ein trauriger Anblick.

67. Wie groß muss der Abstand der Waben sein?

Für den Wabenabstand gibt es genaue Richtlinien. So wird die Europäische Honigbiene in Waben mit einem Abstand von 35 Millimeter gehalten. Der dazwischen liegende Raum, die Wabengasse, ermöglicht es den Bienen, sich problemlos zu bewegen. Ist der Raum zwischen den Waben deutlich größer, wird er von den Bienen zugebaut. Der Imker gibt daher das Maß vor, indem er so genannte Mittelwände einsetzt. Zwischen Wabe und Wand beträgt der Abstand 8 Millimeter.

68. Was mache ich mit Altwaben?

Nach etwa zwei Jahren sind die Waben alt. Sie sind nun dunkel und schmutzig. Mit Hilfe eines Dampfwachsschmelzers kann der Imker aus ihnen ein sauberes, goldgelbes Bienenwachs gewinnen. Dieses wiederum bildet die Grundlage für neue Mittelwände.

69. Kann ich Altwaben auch mit einem Sonnenwachsschmelzer einschmelzen?

Auch wenn alte Waben einen relativ hohen Wachsanteil haben, so ist das Ausschmelzen mit einem Sonnenwachsschmelzer doch mühsam. Zurück bleiben große Wachsreste. Warum? Der Sonnenschmelzer arbeitet ausschließlich mit Sonnenenergie. Man kann ihn mit einem Sonnenkollektor vergleichen. Er eignet sich gut dazu, um Deckelwachs oder verschmutzte Waben und Mittelwände zu schmelzen. Altwaben jedoch können von ihm nur teilweise geschmolzen werden. Sie verarbeitet man besser in einem Dampfwachsschmelzer.

70. Welches Holz sollte man für den Bau von Beuten nehmen?

Imker bevorzugen für den Bau von Beuten das leichte Holz der Weymouthskiefer. Es lässt sich besonders gut verarbeiten, vorausgesetzt es wird kein Wurzelholz verwendet. Allerdings werden die Vorräte an Weymouthskieferholz mittlerweile knapp.

Der Imker kann aber auch Tannenoder Fichtenholz beziehungsweise das Holz der Pappel für den Beutenbau verwenden. Diese Hölzer sind allerdings etwas schwerer. Sie lassen sich aber dennoch gut bearbeiten.

71. Welche Lacke und Anstriche darf ich als Imker verwenden?

Für alle Farben und Lacke, die in einer Imkerei zum Einsatz kommen, gibt es genaue Vorschriften. Sie dürfen keine Biozide enthalten und müssen weitestgehend lösungsmittelfrei sein. Entsprechende DIN-Normen und chemikalienrechtliche Verordnungen müssen eingehalten werden. In der Praxis heißt das: Alle Naturfarben auf Leinöl- oder Holzölbasis sowie alle lösungsmittelfreien Farben und Holzschutzmittel dürfen für den Außenanstrich verwendet werden. Im Innenbereich sollten nur Bienenwachs, Propolis und Pflanzenöle zum Einsatz kommen. In der Regel kann man hier aber sowieso auf einen Anstrich verzichten.

72. Wie baue ich einen Rahmen?

Rähmchen bestehen aus einem Oberträger, der seitlich etwas übersteht. Der Überstand wird auch Ohren genannt. Mit diesen Ohren liegt der Rahmen auf den Zargen auf. Je nach Außenwand dürfen die Ohren bis zu zweieinhalb Zentimeter lang sein, manchmal hat man aber auch nur Platz für Ohren in eineinhalb Zen-

timeter Länge. Sie lassen sich etwas schwerer greifen.

Der Oberträger ist etwas breiter und stärker gebaut als die anderen Rahmenteile. Er sorgt dafür, dass die Rähmchen stabil aufliegen. Die Ohren selbst sind aber wieder schlanker gearbeitet. Sonst würden sie nicht in die Standardzargen passen. Die Schenkel des Rahmens sind die seitlichen Teile, der untere Bereich wird als Unterträger bezeichnet. Alle Holzteile werden durch Nägel oder Klammern, manchmal auch mit Nuten miteinander verbunden. Für die Verdrahtung der Rähmchen eignet sich ausschließlich Edelstahldraht.

73. Wie groß sind die einzelnen Rahmenmaße?

In Deutschland werden hauptsächlich fünf Rahmen verwendet: Deutsch-Normal, Zander, Kuntzsch hoch, Langstroth und Dadant. Ihre Maße unterscheiden sich, so dass kein Rahmen mit einem anderen kombiniert werden kann. Deutsch-Normal ist 37 cm breit und 22,3 cm hoch, Zander hat ein Rahmenmaß von 42 x 22 cm, Kuntzsch hoch von 25 x 33 cm und Langstroth von 44,1 x 23,8 cm. Das gängigste Maß, Dadant, beträgt 43,5 x 30 cm.

74. Was ist ein BSV?

Ein BSV ist ein Bienenseuchen-Sachverständiger. Das ist ein Imker, der auf die Erkennung und Behandlung von Bienenerkrankungen spezialisiert ist. Er arbeitet im Auftrag der Veterinärbehörde und ist berechtigt, Gesundheitszeugnisse wie zum Beispiel das Wanderzeugnis für Imker auszustellen.

Ein Bienenseuchen-Sachverständiger ist auch bei dem Verdacht auf Amerikanische Faulbrut umgehend zu informieren. Er gibt die Maßnahmen zur Behandlung von Seuchen und Krankheiten vor und arbeitet eng mit den betroffenen Imkern zusammen.

75. Warum sterben so viele Bienen beim Wasserholen?

Die Sammelbienen, die mit der Aufgabe betraut sind, den Bienenstock mit Wasser zu versorgen, sind besonderen Gefahren ausgesetzt. Schon früh im Jahr müssen sie noch vor allen anderen ausfliegen, weil die Brut Wasser benötigt. Da es zu diesem Zeitpunkt aber oft noch winterlich kalt und regnerisch ist, kommen viele dieser Wassersammlerinnen dabei ums Leben. Andererseits handelt es sich bei ihnen um erfahrene, alte Arbeitsbienen, die ansonsten kurze Zeit später im Stock gestorben wären. Insofern ist der Tod der Wasserholerinnen ein ganz natürlicher Vorgang.

76. Wie erkenne ich Bienenkrankheiten?

Krankheiten lassen sich meist schnell erkennen. Dazu muss man kein Veterinär sein. Notiert der Imker sorgfältig jede Veränderung im Bienenvolk, so kann er schnell feststellen, an welcher Stelle es anormale Abweichungen gibt. Ist die Frühjahrsentwicklung gestört? Befinden sich viele tote Bienen im Stock? Ist das Brutnest löchrig oder findet der Imker eingefallene Zellendeckel vor, so deutet dies auf etwaige Krankheiten hin. Der Imker sollte deshalb regelmäßig Befallsprüfungen vornehmen und auch Varroose-Behandlungen durchführen. Ab und an sollte der Imker Futterproben ziehen und diese im Labor analysieren lassen. Je eher eine Krankheit erkannt wird, umso einfacher ist die Behandlung.

77. Was muss man im Bestandsbuch für Varroosebehandlung eintragen?

Alle verschreibungspflichtigen und apothekenpflichtigen Medikamente, die bei der Bekämpfung der Varroose zum Einsatz kommen, müssen im Bestandsbuch vermerkt werden. Dazu gehören 85-prozentige Ameisensäure, Perizin, Bayvarol-Strips, Thymolpräparate wie Apiguard, Thymovar und Apilife VAR sowie die Oxalsäurepräparate Oxuvar und alle Oxalsäurehydratlösungen, auch wenn sie vom Apotheker selbst hergestellt wurden. Nicht eingetragen werden Anwendungen mit 60-prozentiger Ameisensäure sowie Sprühbehandlungen mit Milchsäure, wenn keine Brut im Stock ist.

78. Wirkt eine Varroosebehandlung mit Ameisensäure auch bei verdeckelten Zellen?

Auch wenn viele Imker immer noch behaupten, Ameisensäure wirke so gut wie nicht in der Brut, so ist das nicht in jedem Fall richtig. Wird ein spezieller Dispenser für die Verdampfung verwendet und findet die Anwendung an einem Tag mit idealer Außentemperatur statt, so erreicht die Behandlung 95 Prozent der Milben in verdeckelten Zellen. Kein anderes Mittel wirkt derartig gut. Der Behandlungserfolg hängt allerdings unmittelbar mit den Witterungs- und Standortfaktoren zusammen.

79. Wie vermeide ich Bienenkrankheiten?

Der wichtigste Punkt zur Vermeidung von Krankheiten ist die Hygiene. Alle Holzteile und Rähmchen sollten immer vor jedem Einsatz gründlich gereinigt und desinfiziert werden. Dies gilt insbesondere dann,

wenn sie aus aufgelösten Völkern mit Ruhr oder Nosema Erkrankungen stammen. Zur Reinigung und Desinfektion verwendet man am besten Ätznatron und Ätznatronlösungen, die heiß oder mit einem Gasbrenner aufgebracht werden. Es empfiehlt sich unbedingt dabei Schutzkleidung zu tragen. Beachten Sie bei der Verwendung von Ätznatron immer auch die Herstellerangaben. Ganz wichtig: Lösen Sie Ätznatron immer in kaltem Wasser auf, nie in warmem. Der gleiche Vorgang lässt sich übrigens auch bei Kunststoffbeuten durchführen.

Neben der sorgfältigen Reinigung sollte man aber auch darauf achten, dass im Bienenhaus keine offenen Waben oder offenes Futter herumliegen. Die Honigwaben sollten zudem so dicht wie möglich gelagert werden. Selbstverständlich sollte sein, dass der Imker seine Arbeit immer rasch und zügig verrichtet. Schwache Völker sollte er möglichst bald auflösen. Sie bieten sonst zu viel Angriffsfläche für Viren und Bakterien oder Parasiten.

80. Was ist das Besondere an AFB, der Amerikanischen Faulbrut?

Die Amerikanische Faulbrut ist eine Seuche. Sie ist über Jahrzehnte lang ansteckend. Die Sporen sind ausgesprochen widerstandsfähig. Sie überstehen große Kälte ebenso wie extreme Hitze.

Sobald das Brutnest lückenhaft aussieht oder anstelle der Larven ein brauner Brei in der Zelle liegt, wenn das Volk nach Fußschweiß riecht und das Brutnest kleiner wird, muss der Imker davon ausgehen, dass die AFB das Bienenvolk befallen hat. Ist keine fadenziehende Masse zu sehen, kann es sein, dass es sich bei der Erkrankung lediglich um die europäische Variante der Faulbrut handelt, die weniger gefährlich ist.

Bei ersten Anzeichen ist der Imker auf jeden Fall verpflichtet, einen Veterinärmediziner hinzuziehen und den Befall zu melden. Im Umkreis von einem Kilometer wird dann ein Sperrgebiet eingerichtet, in dem alle Bienenvölker auf AFB hin untersucht werden. Befallene Völker werden getötet.

81. Wann ist ein Milbenbefall der Varroa-Milbe normal, wann kritisch?

Sobald die Anzahl verkrüppelter Bienen zunimmt oder andere Auffälligkeiten bei der Brut zu erkennen sind, sollte der Imker eine Milbenanalyse durchführen. Dazu verwendet er entweder ein spezielles Varroa-Gitter oder ein Diagnosegitter. Dieses legt er auf den Boden der Beute. Einmal wöchentlich zählt der Imker nun die Milben und errechnet nach gut zwei Wochen daraus den Tagesschnitt. Allgemein gilt, dass in den Sommermonaten, gegen Ende Juli, ein Befall von fünf bis zehn Milben pro Tag bereits kritisch ist und sofort behandelt werden sollte. Sobald der Befall über einer Milbe pro erwachsener Biene liegt, sollte eine mehrfache Varroa-Behandlung ins Auge gefasst werden. Im Spätherbst, also im Oktober und November, sollte der Milbenbefall deutlich unter 0,5 pro Tag liegen.

82. Stimmt es, dass Varroamedikamente bezuschusst werden?

In jedem Jahr wird ein Merkblatt zur Förderung der Varroosebekämpfung herausgegeben.
Hier sind die Behandlungsmittel aufgeführt, die bezuschusst werden. 2010 waren das 60-prozentige Ameisensäure ad.us.vet., 15-prozentige Milchsäure, 3,5-prozentige Oxalsäuredihydrat-Lösung sowie die Medikamente Oxuvar, Thymovar, Api Life Var und Apiguard.

83. Wann setze ich welches Bekämpfungsmittel gegen Varroose ein?

Ameisensäure wirkt besonders gut auch bei Milben, die auf der Brut sitzen. Milchsäure hingegen bekämpft nur außen sitzende Milben, keine in verdeckelten Zellen. Gleiches gilt für die Oxalsäuredihydrat-Lösung. Sie wird nur in der brutfreien Zeit angewendet. Thymovar und Api Life Var haben zwar eine vergleichbare Wirksamkeit wie Ameisensäure, wirken aber auf außen sitzende Milben etwas besser als auf Brutmilben. Für die Anwendung im Sommer bei schönem Wetter eignet sich Apiguard besonders, ein Thymol-Gel. Beachten Sie, dass alle Anwendungen mit Perizin, Bayvarol, Oxalsäuredihydrat-Lösungen, Oxuvar, Apiguard, Api Life Var und Thymovar in das Bestandsbuch eingetragen werden müssen. Achtung: Viele dieser Behandlungsmethoden führen zu Rückständen im Wachs und im Honig. Befolgen Sie daher die Angaben der Hersteller ganz genau und ernten sie nach einer Behandlung mit Api Life Var oder Thymovar keinen Honig.

84. Wie bekämpft man die Wachsmotte?

Wie der Name schon sagt, liebt die Wachsmotte Bienenwachs. Man findet sie daher vorwiegend in Waben. Bekämpfen kann man die Motte mit Essig beziehungsweise Essigessenz. Dazu werden die Waben in die Zargen gehängt und mit etwas Essigsäure beträufelt. Komplett stoppen lässt sich der Befall aber nur durch ein Einschmelzen der Waben.

85. Was ist eine Bienenvergiftung?

Die konventionelle Landwirtschaft birgt für die Bienen viele Gefahren. Pestizide sowie systemische Nerven-gifte führen bei den Bienen zu Vergiftungen und zum Teil zu einem massenhaften Bienensterben wie 2008 im Rheintal. Damals war die Ursache für das Bienensterben ein Wirkstoff aus der Gruppe der künstlichen Nikotinverbindungen, das Nervengift Clothianidin. 11.500 Bienenvölker waren betroffen. Auf 200 Kilometer entlang des Rheins wurde damals gebeiztes Saatgut mit diesem Wirkstoff ausgebracht, mit dem die Bienen dann in Kontakt kamen.

Nicht jede Vergiftung verläuft jedoch so offensichtlich und massiv. Anzunehmen ist vielmehr, dass viele Bienenvergiftungen schleichend einhergehen und deshalb oft gar nicht als solche erkannt werden. Der Imker erkennt die Vergiftung häufig erst dann, wenn die Entwicklung eines Volkes nicht mehr normal verläuft.

Sprechen Sie bitte mit Ihren örtlichen Bauern über diese Gefahr. Durch den Einsatz von Giften sterben erst die Bienen, darunter leidet die Bestäubung, was wiederum einen schlechteren Ertrag für den Bauern bedeutet. Er schadet mit dem Einsatz von Gift also letztendlich nicht nur die Bienen, sondern auch sich selber.

Außerdem gelangen auf diesem Weg leider als die Giftstoffe auch in den Honig. Dieser wird von uns Menschen gegessen. Mit den eingesetzten Giften vergiften die Bauern also nicht nur die Bienen, sondern uns und sich selber auch.

Manchmal sind Gifte leider nicht zu verhindern. Dann sollten die Bauern diese aber nach Sonnenuntergang einsetzen. Dann fliegen keine Bienen mehr und werden nicht direkt mit vergiftet.

Wenn man als Imker vernünftig und ordentlich ein Gespräch mit einem

Bauern sucht, dann ist meine Erfahrung, dass viele das Problem einsehen. Oft haben sie selber nie darüber nachgedacht, da der Blickwinkel verständlicherweise ein anderer ist. Noch ein Tipp: Bringen Sie beim Gespräch ein leckeres Glas Honig mit. Der Bauer freut sich und ist viel aufgeschlossener. Oft kommt der Imker mit einem guten Gefühl und einer großen Chance nach Hause. Es hat sich für beide Seiten gelohnt.

86. Was ist ein Baby Nuc?

Als Baby Nuc bezeichnet man einen Mini-Bienenstaat. Züchter von Bienenköniginnen verwenden ihn, um möglichst viele Jungköniginnen heranzuziehen. Dazu setzen sie eine junge Königin zusammen mit nur einigen Hundert Arbeiterinnen in ein kleines Begattungskästchen.

87. Was mache ich, wenn eine Königin eingeknäuelt wird?

Wenn die Bienen ein Knäuel um die Königin bilden, ist es bereits zu spät. Das ist ein deutliches Signal dafür, dass sie sie nicht akzeptieren. Sie wollen sie angreifen. Warum passiert das? Manchmal verirrt sich nach dem Hochzeitsflug eine falsche Königin in den Stock. Sie wird dann von den Bienen durch ein Knäuel isoliert. Ihr werden die Beine abgebissen oder sie wird durch einen Stich sofort getötet.

88. Wie findet man die Königin im Stock?

Wer sich schwer tut, eine nicht markierte Königin im Volk zu finden, kann auf folgende zwei Methoden zurückgreifen.

Die erste Methode: Man teilt das Volk in ein Brutraumvolk und einen Flugling. Ein Flutling besteht aus dem Honigraum und mindestens einer offene Brutwabe, damit Nachschaffungszellen gebildet werden. Nun stellt man das Brutraumvolk zur Seite und wartet auf das Ausfliegen der Sammelbienen. Die Bienen die ausgeflogen sind, fliegen später zum Flugling zurück der am alten Standort steht.

Am neuen Standort mit dem Brutraumvolk lässt sich jetzt die Königin leichter finden, da sich die Anzahl der Bienen deutlich reduziert hat.

Hat man sie gefunden, sollte man sie markieren und das Volk dann wieder zusammenführen.

Es gibt aber auch eine zweite Methode, mit Hilfe derer man die Königin suchen kann. Bei dieser Methode filtert man das ganze Bienenvolk sozusagen durch das Absperrgitter. Man schüttelt es dazu an einem schönen Tag aus und wartet darauf, dass die Bienen durch das mit einem

Absperrgitter verschlossene Flugloch wieder einfliegen. Die Königin ist zu groß für die Maschen und wird daher vergeblich versuchen, hier durch zu kommen. Zusammen mit den Drohnen muss sie draußen bleiben und kann leicht gefunden werden.

89. Warum kristallisiert gerührter Honig stärker aus?

Die meisten in Deutschland produzierten Honige kristallisieren mit der Zeit aus. Verantwortlich dafür ist ihr hoher Glukosegehalt. Lediglich Tannen- und Edelkastanienhonige sowie Akazien- beziehungsweise Robinienhonige bleiben flüssig. Wird der Honig gerührt, verteilen sich die kleinen Kristalle gleichmäßiger und der Honig bekommt eine cremige Konsistenz. Diese wird als ideal angesehen. Deshalb steht auf allen Imkergläsern des Deutschen Imker Bundes der Satz: „Jeder naturbelassene Honig kristallisiert früher oder später". Tut Ihr Honig das nicht, heißt das aber noch nicht, dass er nicht naturbelassen ist. Schauen Sie auf die Sortenbezeichnung, dann sehen Sie, dass Honige mit einem hohen Fruktosegehalt fast immer flüssig bleiben. Das wird auch durch ein Umrühren des Honigs nicht verändert.

90. Wie repariert man Kunststoffbeuten?

Kunststoffbeuten aus Hartschau-Styropor lassen sich mit einer speziellen Spachtelmasse reparieren. Sie eignet sich übrigens auch für Holzbeuten. Daneben ist im Handel auch Beutenkitt erhältlich.

91. Kann ich Traubenzucker als Bienenfutter verwenden?

Auch wenn man es anders vermuten würde: Traubenzucker eignet sich nicht zur Wintereinfütterung der Bienen. Er kristallisiert zu schnell aus. Geschieht dies, wird er von den Bienen beseitigt und sie müssen hungern. Gleiches gilt übrigens auch für Rapshonig. Auch er sollte keinesfalls für die Wintereinfütterung verwendet werden. Zum Einsatz kommen sollten vielmehr spezielle Futtermischungen mit einem niedrigen Glukosegehalt.

92. Wie stellt man eine Zuckerlösung her und wie lange hält sich eine Zuckerlösung?

Der klassische Ersatz für Honig ist eine Zuckerlösung. Der Zucker wird im Verhältnis 3:2 gemischt. Das heißt 3 Teile Zucker und 2 Teile Wasser. Man rührt diese Masse so lange, bis sich eine milchige Flüssigkeit bildet.

Zuckerlösung sollte man möglichst immer frisch anmischen. Sie hält sich nicht sehr lange. Man sollte daher auf keinen Fall Zuckerlösung aus dem Herbst noch im folgenden Frühjahr einsetzen.

93. Was mache ich mit übrig gebliebenem Deckelwachs?

Deckelwachs ist ein sehr hochwertiges Wachs. Die Bienen benutzen zur Verdeckelung der Waben fast ausschließlich unbenutztes Jungfernwachs. Dieses lässt sich hervorragend dazu verwenden, um Mittelwände herzustellen. So bleibt das gute Wachs im Wachskreislauf, während man Altwachs entnimmt und für die Kerzenherstellung und als Politurwachs einsetzt. Am leichtesten lässt sich das Deckelwachs übrigens verarbeiten, wenn es noch feucht ist. Schmilzt man es dann ein, lässt es sich besonders gut weiterverarbeiten.

94. Die Völkervereinigung funktioniert nicht – warum?

Manchmal kommt es vor, dass eine durch den Imker eingeleitete Völkervereinigung nicht funktioniert. Dafür gibt es drei Hauptursachen. Wurde eines der beiden Völker erst gerade mit Ameisensäure behandelt, sind die Bienen oft ausgesprochen aggressiv und feindselig. Es empfiehlt sich daher dringend, nach der Varroose-Behandlung erst einige Tage abzuwarten, bevor man ein Volk mit einem anderen vereinigt.

Verwendet man als Abtrennung Zeitungspapier, kann dies ebenfalls zu einer Aggression führen. Lässt das Papier nicht ausreichend Luft durch, fühlen sich die Bienen eingeengt und suchen die Flucht. Dabei kommt es vor, dass Bienen sterben oder ersticken.

Der dritte Grund für eine fehlgeschlagene Vereinigung könnte die Existenz einer Jungkönigin sein. Auch wenn man die alte Königin tot aufgefunden hat, bedeutet das nicht unbedingt, dass ein Volk weisellos ist. Eventuell hatte das aufgesetzte Volk bereits eine Jungkönigin, die der Grund für die Abweisung und Feindseligkeit gegenüber der anderen Königin war.

95. Wie halte ich Ameisen vom Bienenstock fern?

Leider sind die duftenden Bienenstöcke nicht nur für Bienen, sondern auch für andere Insekten wie Ameisen ein Paradies. Sie nutzen besonders gerne die Wärme des Biens aus, um hier ihre Brut unterzubringen. Kein Bienenstock ist völlig ameisenfrei. Ganz schlimm aber wird es, wenn sie die Honigvorräte der Bienen entdecken. Hier muss der Imker spätestens eingreifen.

Doch Achtung: Viele Ameisen stehen unter Naturschutz und dürfen nicht grundlos gefangen oder getötet werden. Am besten ist es daher, man verhindert von Anfang an, dass sich Ameisen im Bienenstock breit machen. Das geht zum Beispiel, indem man die Bienenhäuser auf Sockelsteinen mit Wasser- oder Ölsperre errichtet. Man kann den Sockel aber auch nachträglich einfetten oder mit Insektenleim bestreichen.

Ameisen nisten übrigens auch gerne in den Deckeln der Magazinbeuten. Vergrößert man den Abstand vom Deckel zur Blechhaube, fühlen sich die Ameisen meist nicht mehr so wohl. Es hilft auch, wenn man sie täglich abfegt.

96. Warum habe ich Nachschaffungszellen auf Drohnenwaben?

Nachschaffungszellen auf Drohnenwaben sind leider ein negatives Zeichen. Sie deuten darauf hin, dass die Königin fehlt. Das erste Zeichen dafür ist die Buckelbrut. Als Ersatz für die Königin beginnt eine Arbeiterin, das Drohnenmütterchen, mit der Eiablage. Da diese Eier jedoch unbefruchtet sind, entsteht aus ihnen nur Buckelbrut, also Drohnen. In ihrer Verzweiflung versuchen die Arbeiterinnen nun, eine Königinnen-Nachschaffungszelle auf einer Drohnen- wabe zu bauen. Der Imker muss nun schnell reagieren. Das Volk benötigt dringend eine neue Königin.

97. Wie weit fliegen die Bienen zu ihrer Tracht?

In der Regel besuchen Bienen Trach- ten, die maximal 400 Meter entfernt sind. Nur wenn dort nichts blüht, nehmen sie weitere Wege in Kauf. Dann können sie auch schon einmal bis zu zwei Kilometer zurücklegen, um blühende Trachtpflanzen zu fin- den. Die maximale Flugweite bis zur Tracht liegt ungefähr bei 5 Kilometer. Die Bienen werden aber immer wie- der weite Flüge vermeiden und versu- chen eine ertragreiche Tracht in der nähe zu finden.

98. Wie unterscheiden sich die Trachten?

Der Imker unterscheidet acht Trach- ten: die Frühtracht, die Entwicklungs- tracht, die Sommertracht und die Spätsommertracht, die Pollentracht, die Läppertracht, die Volltracht und die Waldtracht. Die Frühtracht be- steht überwiegend aus Obstblüten und Raps. Ihr Honig enthält viel Glukose und kristallisiert rasch aus. Im Herbst bringen dann nur noch Fichten und Tannen Nahrung. Die Bienen tragen dann fast ausschließlich Honigtau in den Stock. Ist das der Fall, muss der Imker dafür sorgen, dass der Eiweiß- vorrat für den Winter ausreicht. Ge- gebenenfalls muss er das Bienenvolk dazu in eine Region umsiedeln, in der das Pollenangebot größer ist.

99. Wann blüht welche Tracht?

Die Entwicklungstracht blüht je nach Region von Februar bis Mitte Mai. Nun finden die Bienen erste Blüten von Schneeglöckchen, Krokus, Ha- selnuss und Sal-Weide, kurz darauf dann Erle, Weißdorn, Küchenschelle und Seidelbast sowie Bärlauch. Zur Entwicklungstracht zählt in Deutsch- land auch die Blüte der Obstbäume. Apfel, Birne, Kirsche blühen bei uns wie auch der Löwenzahn je nach Wetterlage und Region von April bis Mai. Daran schließen sich ab Mai bis Juni Beerensträucher und Ahornarten an. Nun stehen auch Heidelbeere, Blutjohannisbeere und erste Mas- sentrachten wie Raps in voller Blüte. Der Frühsommer bringt die Blüten von Klee und Salbei, Himbeere und Brombeere, Liguster, Robinie und Mohn sowie Kornblume. Bald schon folgen Linden, Sonnenblumen und Mais, Taubnessel und Wilder Wein sowie verschiedene Kräuter. Der Spät- sommer ist geprägt von den Blüten der Besenheide, von Phacelia, Wei- denröschen, Efeu, Astern, Dahlien und Minze. Sie blühen bis Oktober.

100. Wie nehme ich eine Bewer- tung der Tracht vor?

Das Nektarangebot einer Tracht steht in unmittelbarem Zusammenhang zur Größe der Blüten, zu ihrem Alter und zur Häufigkeit des Insektenbe- suchs. Jeder einzelne Besuch nämlich stimuliert die Nektarproduktion und regt die Nektarien an.

Man kann eine Bewertung der Tracht aber auch an Hand von Umwelt- faktoren vornehmen. So sind Luft- feuchte und Bodenfeuchte neben Düngung und Temperatur wichtige Indikatoren. Bei trockener Luft und trockenem Boden ist die Nektar- produktion eingeschränkt. Eine gute Düngung bringt mehr Blüten und damit mehr Nektar hervor. Je mehr Licht die Pflanzen bekommen, umso höher auch ihr Zuckergehalt.

101. Welche Pflanze produziert wie viel Nektar?

Die Nektarproduktion von Pflanzen wird in Milligramm Zucker pro Tag und Blüte gemessen. Den höchsten Nektargehalt hat dabei die Himbeere vor Natterkopf und Boretsch. Dann folgen Raps, Apfel, Rosskastanie und Johannisbeere gefolgt von Weiden- röschen, Wiesensalbei, Sauerkirsche und Buchweizen. Linden, Süßkirsche, Klee, Heide und Sonnenblume haben wie auch die Birne einen geringeren Nektargehalt.

102. Wie atmen Bienen eigentlich?

Anders als der Mensch verfügt die Biene nicht über rote Blutkörperchen, die den Sauerstoff im Blut weitertransportieren. Sie atmet über Tracheen, ein feines Röhrennetz mit unzähligen Öffnungen auf der Oberfläche ihres Körpers. Diese Röhren sorgen dafür, dass alle Organe ausreichend mit Sauerstoff versorgt werden. Über sie wird auch das Kohlendioxid ausgeschieden. An manchen Stellen erweitern sich die Röhren. Sie bilden dicke Luftsäcke, in denen die Biene vor einem langen Flug Luft ansammelt. Über bestimmte Verschlussmechanismen kann die Biene die Tracheen öffnen und schließen. Haare an den Eingängen verhindern, dass hier Fremdkörper eindringen.

Die Tracheenatmung funktioniert genau umgekehrt wie die Lungenatmung. Während der Mensch aktiv einatmen muss und dann von alleine ausatmet, ist es bei der Biene umgekehrt. Durch die Tracheenöffnungen dringt kontinuierlich Luft ein. Ausgeatmet wird sie, wenn die Biene den Hinterleib zusammenpresst.

103. Wie viele Drüsen hat die Biene?

Die Drüsen sind für die Biene und das Bienenvolk lebensnotwendig. Viele von ihnen liefern wichtige Sekrete zur Fütterung und zum Wabenbau sowie für den Zusammenhalt des Volkes. Andere wiederum werden für die Bearbeitung von Pollen und Nektar zu Honig benötigt. Die Drüsen liefern auch Giftstoffe und Alarmstoffe, die das Überleben der Biene im Notfall sichern.

Insgesamt hat eine Honigbiene dreizehn verschiedene Drüsen. Am Kopf sitzen Oberkieferdrüse und Wangendrüse, Futtersaftdrüse und Kopfspeicheldrüse, dann folgen die Brustspeicheldrüsen, die Rückenschuppendrüsen sowie die Wachsdrüsen, die Duft- und die Rektaldrüsen. Am Ende des Hinterleibs sitzen die Giftdrüsen, aber auch die Dufourdrüse und die Stachelkammerdrüse. Zuletzt sind noch die Drüsen an den Füßen zu erwähnen, die Anhartschen Fußdrüsen.

Allerdings sind bei den verschiedenen Bienenwesen unterschiedliche

Drüsen ausgebildet. So verfügt die Königin über zusätzliche Drüsen wie zum Beispiel die Mandibeldrüsen, die die Königinnensubstanz absondern, die Samenblasendrüse für die Reaktivierung der Spermien und die Rückenschuppendrüse, mit der sie in der Brunstzeit Duftstoffe aussendet, die den Geschlechtstrieb der Drohnen anregen.

Auch Arbeiterinnen und Drohnen haben spezielle Drüsen. Arbeitsbienen produzieren in den Futtersaftdrüsen am Kopf die Nahrung für die Brut und die Königin, über die Nassanoffsche Drüse sondern sie Markierungsdüfte ab. Drohnen hingegen haben spezielle Duft- und Schleimdrüsen, die zum Teil zu den Geschlechtsorganen gehören. Ihre Drüsen haben die vorrangige Aufgabe, Königinnen anzulocken.

104. Welche Aufgaben über nimmt die Arbeitsbiene in welchem Alter?

Es gibt eine altersabhängige Arbeitsteilung bei den Bienen. Diese ist jedoch im Notfall flexibel, so dass alle Bienen jederzeit mit anderen Aufgaben betraut werden können, die im Stock anfallen.

In der Regel jedoch arbeiten die Arbeiterinnen in den ersten drei Tagen ihres Lebens als Putzbienen. Erst dann sind ihre Futtersaftdrüsen ausgebildet und sie können für weitere sieben Tage als Pflegebienen oder Ammenbienen eingesetzt werden. Nun füttern sie zuerst ältere, später auch jüngere Maden mit einem Pollen-Honig-Gemisch. Am zwölften Lebenstag der Arbeiterin sind die Wachsdrüsen vollständig ausgebildet. Nun wird sie im Wabenbau eingesetzt. Ihre Futtersaftdrüsen bilden sich jetzt zurück. Ab dem 19. Lebenstag gelten die Arbeitsbienen als besonders erfahren. Sie übernehmen

nun für zwei, drei Tage die wichtige Aufgabe der Wächterin am Flugloch. Vom 22. Lebenstag an bis zu ihrem Tod werden sie zu Flugbienen, die Pollen, Nektar, Honigtau, Wasser und Kittharz in den Stock bringen.

105. Wie viel wiegen Königin, Arbeiterin und Drohn im Durchschnitt?

Die Königin ist am größten und am schwersten. Sie wird zwei bis zweieinhalb Zentimeter lang und wiegt dann etwa 0,23 Gramm. Die Arbeiterinnen sind etwa halb so groß und halb so schwer. Sie erreichen eine Länge von 1,2 bis 1,4 Zentimeter und ein Gewicht von 0,1 Gramm. Die Drohnen sind kleiner als die Königin, aber größer als die Arbeitsbienen. Sie werden gut eineinhalb Zentimeter groß und sind knapp 0,2 Gramm schwer.

106. Woher weiß die Königin, wie viele Eier sie legen soll?

Das ist eine gute Frage: Woran spürt ein Volk, ob es ein rasches Wachstum verkraftet, ob die Nahrung dazu ausreicht und ob das Bienenvolk momentan gesund und kräftig ist? Der Bien bildet eine Einheit. Die Königin spielt dabei eine wichtige Rolle, ist aber letztendlich von den Arbeitsbienen abhängig. Wie das? Nun, die Arbeiterinnen entscheiden darüber, wie viel Futtersaft sie der Königin zukommen lassen. Davon abhängig ist die Zahl der Eier, die eine Königin legt. Außerdem bestimmen die Arbeitsbienen, wie viele Larvenwiegen gebaut werden. Sie entscheiden also darüber, wie groß der Nachwuchs des Bienenvolkes sein soll.

107. Was ist ein Pedigree?

Ein Pedigree ist ein Zuchtnachweis oder Stammbaum. Wer eine Königin kauft, sollte dies nur dann tun, wenn

er automatisch eine komplette und nachvollziehbare Zuchtkarte ausgehändigt bekommt, die gleichzeitig eine Leistungsbewertung enthält. Gute Züchter ergänzen sie sogar durch eine konkrete Zusetzanleitung. Das ist ausgesprochen hilfreich, nicht nur für den jungen Imker.

108. Stimmt es, dass offene Brut ein Volk beruhigt?

Hat ein Bienenvolk keine offene Brut, so werden die Ammenbienen unruhig. Auch die Flugbienen entwickeln eine höhere Aggressivität und werden stechlustiger. Der Imker kann ein solches Volk ganz schnell beruhigen, indem er ihm ein paar junge Maden zur Pflege überlässt. Sie senden über ihre Hautsekrete nämlich Duftstoffe aus, die die Ammenbienen zur Pflege der Maden animieren und damit beruhigen.

109. Wieso reagiert die Biene so stark auf chemische Reize und Düfte?

Geruchs- und Geschmackssinn helfen der Biene bei der Nahrungssuche. Schon aus der Ferne können Bienen selbst schwache Gerüche wahrnehmen und orten. Sie erkennen sofort, ob sich in einer Blüte Pollen befindet. Er duftet anders als die Blüte selbst. Die Sinneszellen an den Antennen sind es, die das Gehirn der Biene als erste mit solchen Informationen versorgen.

Die Bienen schmecken mit der Zunge. Je süßer etwas schmeckt, umso attraktiver ist es für sie. Weniger süße Substanzen können die Bienen gar nicht wahrnehmen und lehnen sie daher von vornherein ab. So ist sichergestellt, dass sie sich nicht die Mühe machen und zu dünnen Nektar einsammeln.

110. Wovon hängt die Bautätigkeit im Bienenvolk ab?

Ob ein Bienenvolk neue Waben errichtet, ist von mehreren Faktoren abhängig. Erst wenn ausreichend Nahrung vorhanden ist, beginnen die Bienen mit dem Wabenbau. Mit dem Einsetzen des Frühlings erwacht die Bauaktivität. Je höher die Außentemperatur, desto aktiver wird gebaut. Besonders emsig ist ein neuer Schwarm, der ja darauf angewiesen ist, möglichst schnell eine neue Behausung einzurichten und ein Nest zu bauen. Dabei bilden sich bei allen Schwarmbienen rasch Wachsdrüsen aus. Jede Biene eines Schwarms kann dann unabhängig von ihrem Alter Wachs produzieren. Ein weiteres Beispiel also für die Flexibilität und Anpassungsfähigkeit eines Bienenvolkes.

111. Sind die Deckel von Larvenzellen aus einem anderen Material als die der Honigzellen?

Die Zellen der Maden werden mit luftdurchlässigen Deckeln versehen. Reife Honigzellen werden hingegen luftdicht verdeckelt.

13. DAS BIENENLEXIKON VON A BIS Z

A

Abdomen

Der Bienenkörper untergliedert sich in drei Bereiche: in den Kopf, die Brust und den Hinterleib. Der Hinterleib der Biene, das Abdomen, besteht aus 11 Segmenten. Der Bienen-Embryo hat sogar noch ein Segment mehr das sich dann aber später zurückbildet. Im Abdomen befinden sich die Hauptorgane der Biene, hier sitzen auch die Drüsen. Bedingt durch den ringförmigen Aufbau ist der Hinterleib der Biene ausgesprochen beweglich.

Abkehrbesen

Früher verwendete man Federn, heute sind es Abkehrbesen, mit denen man die Bienen von den Waben trennt und sie wieder in die Beute zurückbringt.

Ableger

Als Ableger wird ein junges Bienenvolk bezeichnet, das der Imker sozusagen künstlich bildet. Er entnimmt dazu aus einem bestehenden Bienenvolk mehrere Futterwaben und Brutwaben, fügt weitere Leerwaben hinzu und hängt sie in eine leere Beute. Arbeitsbienen und Drohnen werden mit übernommen. Auf diese Weise bildet sich ein neues Bienenvolk. Manche Imker setzen auch selbst eine neue legefähige Bienenkönigin zu, um die Gründung eines neuen Staates zu beschleunigen (siehe auch „Zusetzkäfig").

Absperrgitter

Als Absperrgitter bezeichnet man in der Imkerei ein Gitter mit einer Maschenstruktur, die Arbeiterinnen hindurch lässt, nicht aber die Bienenkönigin. Auf diese Weise wird der Brutraum vom Honigraum getrennt.

Abstandsregelung

Die einzelnen Waben oder Rähmchen haben einen definierten Abstand. Eine Zarge, also eine Bienenkiste, kann bis zu 11 Bienenwaben enthalten (siehe auch „Zarge").

Acariose

Die Acarpidose oder Acariose ist eine Erkrankung der Bienen, die durch Parasiten verursacht wird. Dabei werden die Tracheen, also die Atmungsorgane der Bienen beeinträchtigt. Der Milbenspeichel ist giftig und führt zur Blutvergiftung. Die Folge: Die Bienen können nicht mehr fliegen und sterben letztendlich an Schwäche. Die Bezeichnung Acariose rührt von dem lateinischen Namen der Milben (Acari) her, die die Hauptverursacher dieser Krankheit sind. Ihre Ausscheidungen verursachen beim Menschen die Hausstauballergie, bei den Bienen Seuchen wie die Varroose, die Acarapidose oder die Tropilaelapsose (siehe auch „Varroa-Milbe" und „Varroose").

Adult

Als adult, also ausgewachsen, wird das letzte Entwicklungsstadium bei Bienen bezeichnet. Erst im adulten Stadium ist die Geschlechtsreife der Bienen vollständig ausgebildet. Die Entwicklungsstadien untergliedern sich bei der Honigbiene in Ei, Rundmade, Streckmade, Vorpuppe und Puppe sowie in Adult oder Imago (siehe auch „Imago").

Ätherische Öle

Ätherische Öle sind unter anderem auch in Propolis enthalten. Sie haben eine antibakterielle, antivirale und antimykotische Wirkung.

Afterweisel

Als Afterweiseln bezeichnet man Arbeiterinnen mit aktiven Eierstöcken. Fehlt einem Bienenvolk über einen längeren Zeitraum die Königin, so reifen in den Eierstöcken der Arbeiterinnen unbesamte Eier. Aus ihnen schlüpfen allerdings nur Drohnen. Der Imker sollte diese Buckelbrut möglichst schnell erkennen und eingreifen, um das Volk vor dem Aussterben zu retten.

Warum aber gibt es Afterweiseln, wenn sie doch nur den Untergang eines Bienenvolkes bedeuten? Ehrlich gesagt, gibt es darauf keine fundierte Antwort. Einige Imker vermuten in der Afterweisel eine Einrichtung der Natur mit dem Zweck, wenigstens einen Teil der Gene über Drohnen noch weiterzugeben.

Tatsache jedoch ist: Ein drohnenbrütiges Volk ist immer dem Untergang geweiht. Es kann nicht neu beweiselt werden. Es betreibt auch keine Brutpflege. Führt man einem gesunden Volk überalterte Winterbienen aus einem drohnenbrütigen Bienenvolk zu, so würde das dessen Gesundheit und die seiner Königin nur gefährden. Auch wenn es dem Imker schwerfällt: Ein drohnenbrütiges Volk muss aufgelöst oder abgeschwefelt werden.

Akazienhonig

Akazienhonig ist besonders wegen seines milden Geschmacks beliebt. Da es in Deutschland keine Akazien gibt, wird der Akazienhonig hier aus Robinien, einer Scheinakazie, gewonnen. In Südeuropa hingegen ist der Akazienhonig weit verbreitet.

Alarmpheromone

Nähert sich ein Feind dem Bienenstock, geben die Bienen ein Alarmpheromon ab, um ihr Bienenvolk zu warnen. Sie markieren damit andere Lebewesen als Angreifer. Alarmpheromone sind auch im Bienengift enthalten. Wer also einmal von einer Biene gestochen wurde, wird höchstwahrscheinlich auch von weiteren attackiert, die in ihm einen Angreifer auf ihren Stock sehen.

Ambrosia

Ambrosia, die griechische Speise der Götter, setzt sich zusammen aus Pollen, Honig und Wachs und wird hauptsächlich zur Wintereinfütterung eingesetzt.

Amerikanische Faulbrut

Neben der Acariose ist die Amerikanische Faulbrut eine der wichtigsten Bienenerkrankungen. Sie wird von Bakterien verursacht und verläuft immer bösartig. Sie gilt als Seuche und ist daher meldepflichtig. Die Europäische Faulbrut ist weniger ausgeprägt und verläuft meist gutartig.

Ammenbiene

Die Ammenbiene ist für die Versorgung der Brut zuständig. Sie entstammt normalerweise aus den jungen Arbeitsbienen.

Anflugbrett

Als Anflugbrett bezeichnet man den Start- und Landeplatz der Bienen vor dem Bienenkorb oder dem Bienenhaus.

Antenne

Der Fühler der Biene werden Antenne genannt. Hier sind ein Großteil der Sinnesorgane und Sinneszellen untergebracht. Jedes Insekt verfügt über paarige Antennen.

Apamin

Apamin ist ein Bestandteil des Bienengifts. Es blockiert den Austausch von Kalium Ionen in der Zelle und verhindert damit die Arbeit der Nervenzellen. Apamin wirkt neurotoxisch.

Apis mellifera

Der lateinische Name der Honigbiene ist Apis mellifera. Die Honigbiene unterteilt sich in unterschiedlichste Arten und Rassen.

Apoidea

Bienen gehören zu den Taillenwespen und zwar zur Gruppe der Apoidea, die wiederum Bienen und Grabwespen umfasst.

Arbeiterin

Zu den Arbeiterinnen gehören alle weiblichen Mitglieder in einem Bienenstaat, die sich nicht selbst fortpflanzen. Die Arbeiterinnen haben die Aufgabe, den Bienenstock sauber zu halten, Nahrung zu sammeln und die Brut zu pflegen. Sie arbeiten auch als Wächterinnen.

Arbeitsteilung

Je nach Alter werden den Arbeiterinnen unterschiedliche Aufgaben zuteil. Die jüngeren Arbeiterinnen bis zu einem Alter von 21 Tagen arbeiten im Bienenstock. Sie putzen, säubern, bauen Waben, halten Wache und pflegen die Brut. Anschließend dürfen sie als Sammlerinnen außerhalb des Bienenstocks arbeiten. Im Bedarfsfall wird die Arbeiterin jedoch auch an anderer Stelle eingesetzt.

Aroma

Honig besteht in der Regel aus mehr als 150 unterschiedlichen Aromastoffen. Die Aromen sind abhängig von den jeweiligen Trachtpflanzen, aber auch vom Grad der Süße und Säure eines Honigs.

Atemöffnungen

Die feinen Atemröhrchen der Biene werden Tracheen genannt. Durch sie wird Sauerstoff aufgenommen und Stickstoff abgeleitet. Von den Tracheen aus gelangt die Luft über Luftsäcke in das Innere des Körpers. Die Biene verstärkt diesen Prozess häufig, indem sie den Hinterleib bewegt.

Augen

Die Honigbiene hat so genannte Facettenaugen. Jedes Auge setzt sich aus unzähligen kleinen Augen zusammen. Sie können besonders gut Bewegungen wahrnehmen. Auf der Stirne der Biene befinden sich darüber hinaus zwei Punktaugen. Über sie wird die Helligkeit erfasst und die Orientierung im Raum gesteuert. Die beiden großen Komplexaugen sind bei Bienen unterschiedlich ausgebildet. Je nach Aufgabenbereich haben Drohnen, Arbeiterinnen und Königinnen unterschiedliche Sehfähigkeiten.

Ausrüstung

Die Ausrüstung eines Imkers besteht aus der Beute (also der Unterkunft für die Bienen), der Kleidung, einem Smoker, einer Pfeife oder einem Tuch mit Nelkenöl, Werkzeug wie Abkehrbesen, Stockmeißel und Zerstäuber mit Wasser gefüllt, der Honigschleuder, den Geräten zum Rähmchenbau und last but not least aus dem Bienenvolk (siehe auch „Dathepfeife", „Smoker", „Stockmeißel" und „Nelkenöl").

B

Bannwabe

Die Brutwabe, in der die Königin eingesperrt wird, wird als Bannwabe bezeichnet. Hier verbringt sie neun Tage. Eine Bannwabe ist eine Wabe mit offener Brut. Bannwaben werden auch zur Bekämpfung und Dezimierung von Varroa-Milben eingesetzt. Sie werden auch dazu benutzt, einen neuen Schwarm an eine neue Behausung zu binden (siehe auch „Varroa-Milbe").

Baubiene

Als Baubiene wird eine Arbeiterin bezeichnet, die mit dem Wabenbau befasst ist. In dieser Lebensphase der Arbeiterin sind die Wachsdrüsen, die das Wachs für die Waben zur Verfügung stellen, besonders aktiv.

Bauchsammlerin

Bestimmte Bienenarten sind auf einzelnen Pflanzen spezialisiert. So zum Beispiel die Scherenbiene, die zu den Bauchsammlerinnen gezählt wird. Aufgrund ihrer geringen Größe sammelt die Scherenbiene den Pollen auf ihrem Hinterleib. Der Pollen haftet hier an speziellen Borsten fest.

Baurahmen

Rähmchen ohne Mittelwand werden als Baurahmen bezeichnet. Sie werden in den Brutraum gehängt, wenn die Bienen Drohnenwaben anlegen sollen.

Begattung

Die Begattung ist die Befruchtung der Königin durch Drohnen.

Begattungsableger

Begattungsableger sind junge Bienenvölker, die vom Imker gebildet werden. Sie zeichnet aus, dass ihre Königin noch unbegattet ist beziehungsweise dass lediglich eine Weiselzelle vorhanden ist.

Beine

Die Honigbiene hat drei Beinpaare. Sie dienen nicht nur zur Fortbewegung, sondern werden auch zum Wabenbau und zum Sammeln von Pollen eingesetzt.

Belegstelle

Weit ab von einem anderen Bienenvolk, mindestens aber zehn Kilometer von ihm entfernt errichtet der Imker eine so genannte Belegstelle, will er eine neue reine Königin heranziehen. In kleinen Begattungskästchen werden auf diese Weise in Hochgebirgslagen oder auf Inseln unbegattete Königinnen zur Reinpaarung gebracht. Damit die Begattung tatsächlich durch die ausgewählten Drohnen erfolgt, muss die Belegstelle isoliert aufgestellt werden.

Berufsimker

Die meisten Berufsimker haben als Hobby-Imker begonnen. Zum Berufsimker wird man nach einer dreijährigen Ausbildung zum Imker, Fachrichtung Bienenhaltung innerhalb der Tierwirte. Tierwirte dürfen nur von anerkannten Ausbildungsbetrieben ausgebildet werden.

Bestäubung

Bienen haben eine große ökonomische Bedeutung. Sie dienen als Bestäuber von wichtigen Nutzpflanzen. Aufgrund ihrer großen Anzahl und ihrer Arbeitsteilung gibt es keine effizientere Bestäubung als die durch Bienen. Manche Bienen wie die Scherenbiene haben sich auf die Bestäubung bestimmter Pflanzen, in diesem Fall auf Glockenblumen und Hahnenfuß, spezialisiert.

Bestäubungsimker

Der Bestäubungsimker hat die Aufgabe, die Bienen zur kontrollierten Bestäubung einzusetzen. Die fortschreitende Industrialisierung der Agrarwirtschaft führt dazu, dass die Bedeutung der gezielten Bestäubung von Nutzpflanzen zunimmt.

Bestiften

Ist die Königin nach Inspektion einer Zelle mit dieser zufrieden, so legt sie ein Ei ab. Sie bestiftet sie. Der Ausdruck bestiften rührt von dem Aussehen der Eier her. Sie sind länglich geformt und sehen aus wie ein Stift.

Beute

Als Beute wird der Bienenkorb oder das Bienenhaus bezeichnet. So gibt es die Strohbeute, den Bienenkorb, oder die Klotzbeute, ein ausgehöhlter Baumstamm. Beide sind künstliche Behausungen. Größte Bedeutung hat heute allerdings die Magazinbeute, eine Behausung, die aus verschiedenen einzelnen Zargen mit Rähmchen modular zusammengesetzt wird.

Bien

Das Bienenvolk wird auch als Bien bezeichnet. Zu einem Bien gehören Arbeiterinnen und Drohnen, die Bienenkönigin und die Brut, aber auch die Vorräte und der Wabenbau. Jeder Bien, jedes Bienenvolk, agiert als Einheit und ist nur in der Gemeinschaft überlebensfähig.

Bienen

Bienen gehören biologisch zu den Hautflüglern. Sie ernähren sich rein vegetarisch. Die Honigbiene, eine Gattung der Bienen, ist in Deutschland heimisch. Sie untergliedert sich wiederum in unterschiedliche Bienenrassen, so zum Beispiel in die Dunkle Europäische Biene, die Kärntner Biene und die Italienische Biene. Die bekannteste Rasse aber ist die Buckfast-Biene, die 1916 von einem Benediktinermönch im Kloster Buckfast gezüchtet wurde.

Bienenflucht

Will der Imker den Honigraum leeren, so verhindert er für einen Zeitraum von etwa 24 Stunden, dass die Bienen vom Brutraum in den Honigraum kommen. Dies geschieht über die Bienenflucht, eine Art Schleuse. In diesen Stunden können die Bienen dann nur noch vom Honigraum in den Brutraum gelangen, aber nicht mehr zurück. Auf diese Weise kann der Imker in Ruhe den Honig entfernen.

Bienengift

In der Giftdrüse der Biene wird das Bienengift gebildet. Es besteht aus Peptiden, also kurzen Eiweißketten sowie aus Histamin und Enzymen. Ein einzelner Bienenstich ist für den Menschen ungefährlich. Allerdings können Folgen wie allergische Reaktionen oder Schocks dazu führen, dass der Bienenstich lebensbedrohlich wirken kann. Bienengift dient aber auch zur medizinischen Behandlung. So soll das Gift zum Beispiel gegen Rheuma helfen.

Bienenhaus

Je nach Klimazone und Wetterbedingungen werden die Beuten, die Bienenstöcke zum Schutz in eine Hütte gestellt. Diese Hütte ist meist nach Süden hin geöffnet. Neben dem Beuteraum befindet sich hier auch ein Arbeitsraum für den Imker. Was viele Hobby-Imker nicht wissen: Zur Errichtung eines Bienenhauses benötigt man meist eine Baugenehmigung. Das ist abhängig nach Bundesland und nach Größe des Bienenhauses. Erkundigen Sie sich bitte bei Ihrem örtlichen Bauamt.

Bienenjahr

Das Bienenjahr ist eng mit den Jahreszeiten verknüpft. Von November bis Januar machen die Bienen Winterruhe. Sie reduzieren dabei ihre Aktivitäten auf ein Minimum. Februar bis April sind die Monate, in denen die neue Brut aufgebaut wird. Die

Königin wird mit eiweißreicher und nährstoffreicher Nahrung gefüttert und legt immer mehr Eier ab. Mit der Brut wächst auch der Nahrungsbedarf des Bienenvolks. Von Mai bis Juli hat der Bien seine maximale Größe erreicht. Das Nahrungsangebot ist groß. Drohnen und Königinnen werden neu herangezogen. Es bilden sich neue Bienenschwärme. Die Völker teilen sich und vermehren sich. Ab August beginnen die Wintervorbereitungen. Vorräte werden angelegt. Es werden spezielle Arbeitsbienen für den Winter, die Winterbienen, herangezogen.

Bienenkönigin

Die Bienenkönigin oder Weisel ist das einzige Weibchen im Bienenstock, das geschlechtsreif ist. Aus ihren begatteten Eiern bilden sich die Arbeiterinnen und auch neue Königinnen. Damit sich die Eierstöcke der heranwachsenden Arbeiterinnen gar nicht erst entwickeln, sondert die Königin Pheromone ab, die Königinnensubstanz.

Bienenkorb

Aus Ruten oder Stroh geflochtene Beuten werden als Bienenkorb oder Strohbeute bezeichnet. Erkennbar ist der Bienenkorb an seiner typischen, glockenförmigen Form. Hier gibt es keine Rähmchen. Die Bienen bauen die Waben frei. Das hat für den Imker den Nachteil, dass er diese nicht einzeln entnehmen kann.

Bienenkrankheiten

Die Acariose, die Amerikanische Faulbrut und die Nosematose (Frühjahrskrankheit) sind neben der Varroose die häufigsten Krankheiten, die Bienen befallen. Eines ist allen gemein: Sie können nicht medikamentös behandelt werden. Allerdings kann man sie durch genaue Beobachtung des Bienenvolks leicht erkennen. Äußerste Hygiene trägt am besten dazu bei, Erkrankungen durch Amöben, Parasiten und Bakterien oder Pilze zu vermeiden (siehe auch „Acariose", „Amerikanische Faulbrut" und „Varroose").

Bienenrassen

Die einzelnen Bienenrassen unterscheiden sich nicht nur in ihrer geografischen Verbreitung in unterschiedlichen Klimazonen. Da zunehmend Kunstrassen, also vom Imker gezüchtete Bienenvölker, hinzugekommen sind, sind nur noch wenige Bienenrassen ausschließlich in ihrem angestammten Gebiet heimisch. In Europa kommen fast nur Honigbienenrassen vor.

Bienenschwarm

Honigbienen vermehren ihre Staaten durch Teilung ihres Volkes. Im Frühsommer hat das Bienenvolk seinen größten Bestand. Die Behausung wird dann schnell zu eng. Die Folge: Ammenbienen errichten neue Weiselzellen, in denen eine neue Königin heranwächst. Kurz bevor diese schlüpft, meistens vormittags am neunten Tag, verlässt die alte Königin mit einem Bienenschwarm den Stock und gründet ein neues Volk.

Bienenvolk

Ein Bienenvolk oder Bien besteht ausschließlich aus weiblichen Bienen: aus einer Königin, die begattete Eier legt, und den Arbeitsbienen, die für die Pflege der Brut zuständig sind. Nur im Sommer leben hier auch Drohnen. Der Bienenstock der Honigbiene besteht aus Staaten von 10.000 bis 40.000 Bienen. Unabhängig von den Außentemperaturen beträgt die Temperatur in einem Bien relativ konstant 30 bis 35 Grad Celsius.

Bienenwachs

Spezielle Wachsdrüsen am Hinterleib der Bienen produzieren das Bienenwachs für den Wabenbau. Begehrt ist das Bienenwachs aber auch in der Industrie. Aus ihm werden Kosmetikprodukte, Nahrungsmittel und Kerzen hergestellt.

Bienenweide

Pflanzen, die den Bienen durch Nektar, Pollen und Honigtau Nahrung bieten, bilden die so genannte Bienenweide (siehe auch „Tracht").

Bienenwesen

Als Bienenwesen bezeichnet man die drei verschiedenen Bienentypen: Königin, Arbeiterin und Drohn.

Blütenhonig

Honig aus dem Nektar von Blüten wird als Blütenhonig bezeichnet. Im Unterschied dazu besteht der Waldhonig vorrangig aus Honigtau (siehe auch „Waldhonig").

Blütenstaub

Der Blütenstaub oder Pollen wird von den Bienen als Nahrung gesammelt. Beim Einsammeln des Pollens fliegen die Bienen von Blüte zu Blüte und übernehmen damit gleichzeitig die wichtige Aufgabe der Bestäubung. Pollen ist eiweißreich und wird daher vorwiegend zur Aufzucht der Larven verwendet. Die meisten Bienen sammeln den Pollen in Körbchen an den Hinterbeinen, manche aber auch in Borsten auf dem Hinterleib.

Borsten

Die Fühler der einzelnen Bienen sind unterschiedlich aufgebaut. Zwar bestehen alle Antennen aus Schaft, Wendeglied und bis zu 11 Geisselgliedern, die Beborstung der Fühler

ist jedoch höchst unterschiedlich. Während die Borsten bei den weiblichen Bienen, die sich überwiegend im Dunkeln im Bienenstock zurechtfinden müssen, sehr fein ausgeprägt sind, fehlen sie bei den Drohnen fast ganz.

Botulismus

Im Bienenhonig befinden sich manchmal Sporen von Bakterien, die sich im Darm eines Säuglings vermehren könnten. Dies kann schlimmstenfalls zu Botulismus, einer Lebensmittelvergiftung führen. Da Honig ein Naturprodukt ist, das unbehandelt verzehrt wird, sollte man Kindern im ersten Lebensjahr zur Sicherheit keinen Honig verabreichen. Ihr Immunsystem ist noch nicht ausreichend ausgebildet.

Brut

Die Eier, Larven und Puppen eines Bienenvolkes bilden ihre Brut. Sie umfasst die Gesamtheit des Bienennachwuchses.

Brutnest

Im Brutnest eines Bienenstockes befinden sich nicht nur die Eier, Larven und Puppen, sondern auch die Pflegebienen und die Königin. Je nach Jahreszeit und Größe des Bienenvolkes ist das Brutnest unterschiedlich groß.

Brutraum

Der Brutraum umfasst neben dem Brutnest auch die Bienenwaben, auf dem sich das Brutnest befindet.

Brutwabe

Die Waben, die Eier der Königin enthalten, werden als Brutwaben bezeichnet. Hier befinden sich Stifte, Maden und Puppen, aber auch Pollen und Honig. Die Brutwaben werden in der Regel im Kreis rund um die Brut herum gebaut. In einem Stock können sich gleichzeitig mehrere Brutwaben befinden. Sie zusammen bilden dann das Brutnest.

Brutzelle

Bevor die Bienenkönigin ihr Ei ablegt, inspiziert sie die zukünftige Brutzelle eingehend auf ihre Eignung. Brutzellen sind sechseckige Zellen, in denen die Brut aufgezogen wird.

Buckelbrut

Werden in den kleinen Zellen für Arbeitsbienen zum Beispiel auf Grund eines Königinmangels die größeren Drohnen herangezogen, so ergibt sich eine Buckelbrut. Als solche bezeichnet man die Drohnenlarven oder –puppen, die sich krümmen müssen, um in die eigentlich zu kleinen Waben zu passen. Die Pflegebienen erhöhen dann nach und nach den Deckel der Zelle, um ausreichend Platz für die Brut zu schaffen. Daher der Name Buckelbrut.

C

Chitin

Die durchscheinenden zarten Flügel der Biene bestehen aus Chitin, einem Polysaccharid. Das Chitin ist eine Abart der Cellulose. Es ist farblos, leicht und sehr stabil, fast starr. Dadurch eignet es sich für die Ausbildung von Flügeln besonders gut.

Chromosomensatz

Im Chromosomensatz sind die Gene und damit die Erbinformationen von Pflanzen und Tieren enthalten. Zur Sicherheit ist diese Information jeweils doppelt vorhanden. Man spricht deshalb auch von einem diploiden Chromosomensatz. Die einzelnen Chromosomen bestehen aus DNA und Proteinen, Eiweißen.

D

Dathepfeife

Die Kräuterpfeife des Imkers wird als Dathepfeife bezeichnet. Der Rauch wird dazu benutzt, die Bienen zu beruhigen. Heute verwenden die meisten Imker allerdings anstatt der Dathepfeife einen Smoker, wenn sie nicht sowieso auf Rauch verzichten und Nelkenöl verwenden.

Deutscher Imkerbund

Die Vereinigung der Imker, der Deutsche Imkerbund, sieht seine Aufgabe nicht nur darin, die Bienenhaltung und Bienenzucht zu fördern. Er gibt auch Richtlinien heraus, die die Honigqualität definieren und überwachen.

Dipteren

Insekten mit zwei Flügelpaaren werden als Dipteren bezeichnet. Zu den Zweiflüglern gehören Mücken, Fliegen, aber auch Bienen. Dabei ist es unerheblich, ob beide Flügelpaare noch aktiv genutzt werden. Bei Mücken und Fliegen beispielsweise sind die hinteren Flügelpaare zurückgebildet.

Drohn

Der Drohn ist die einzige männliche Biene im Bienenstock. Lediglich in den Monaten Mai bis Juli werden Drohnen im ansonsten weiblichen Bienenvolk geduldet. Sie haben die Aufgabe, die Eier der Königin mit ihrem Samen zu begatten. Hat der Drohn diese Aufgabe erledigt, wird er von den Arbeitsbienen nicht mehr mit Nahrung versorgt und stirbt.

Drohnensammelplatz

Zur Begattung der Königin sammeln sich die Drohnen an einem freien, möglichst großen Platz. Dieser Drohnensammelplatz wird nicht nur von den Drohnen des eigenen Bienenvolks angeflogen, sondern auch von denen anderer Völker. Dazu nehmen sie weite Wege in Kauf. Bis zu 30 Kilometer legen sie zurück. Die Drohnensammelplätze werden von den jungen Bienenköniginnen aufgesucht, die sich dort von den Drohnen im Flug begatten lassen.

Drohnenschlacht

Auch wenn der Name es vermuten lässt: Drohnenschlachten finden nicht statt. Als solche werden nur die Unmengen an verendeten und schwachen Drohnen bezeichnet, die man im Spätsommer in der Nähe des Flugloches vorfindet. Nach der Begattung werden sie von den Arbeiterinnen nämlich nicht mehr gefüttert und verhungern oder werden zum Verlassen des Bienenstocks aufgefor-

dert. Dabei gehen die Arbeiterinnen zum Teil aggressiv gegen die Drohnen vor.

Drüsen

Drüsen sind Sekret absondernde Gewebe. Bei den Arbeiterinnen sondern spezielle Wachsdrüsen Wachs für den Wabenbau ab. Die Königin hingegen gibt über ihre Drüsen Duftstoffe und Botenstoffe, also Pheromone ab, die verhindern, dass anderen weiblichen Bienen Eierstöcke wachsen.

Duftdrüse

Mit Hilfe einer Duftdrüse orientieren sich die Arbeiterinnen im Bienenstock. Abgegeben wird der Duftstoff an Wasserstellen oder Futterplätzen, aber auch beim Sterzeln, also beim Weisen des Weges zurück zum Bien. Schwärmen die Bienen aus, erkennen sie einander auch am Duft als Mitglieder des gleichen Volkes. Die Duftdrüse, auch Nassanoffsche Drüse oder Sterzeldrüse genannt, sitzt am Hinterleib der Biene.

Duftgedächtnis

Bienen haben ein so genanntes Duftgedächtnis. Als solches bezeichnet man ihr Vermögen, den Blütenduft der Pollen durch Körperkontakt an andere Sammelbienen weiterzugeben. Diesen wiederum gelingt es dadurch, die geeignete Futterstelle aufzufinden. Einmal bekannte Düfte erkennt die Biene immer wieder. Sie verfügt über ein Duftgedächtnis.

E

Echter Deutscher Honig

Der Echte Deutsche Honig erfüllt nicht nur die Verordnung über Honig aus dem Lebensmittelrecht, sondern

genügt sogar den weitaus strengeren Kriterien des Deutschen Imkerbundes. So darf er ausschließlich in Deutschland erzeugt worden sein, darf einen Wassergehalt von maximal 18 bis 20 Prozent aufweisen und muss naturbelassen sein.

Ecdyson

Das Hormon Ecdyson steuert die Häutung und Verpuppung der Bienen. Gebildet wird es in der Thoraxdrüse der Larve.

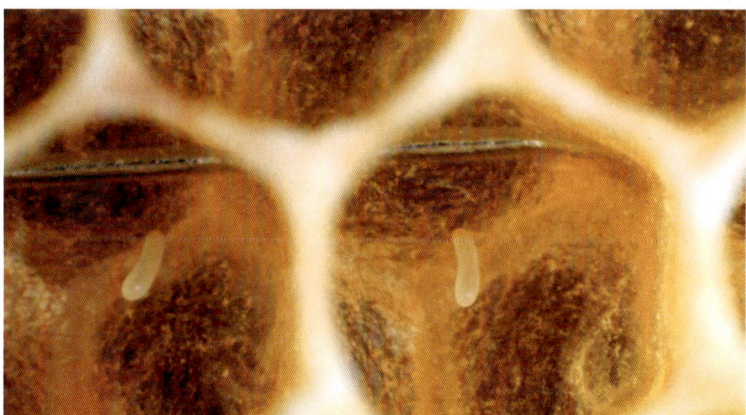

Ei

Das erste Stadium der Entwicklung bei Honigbienen ist das Ei. Es entstammt der Bienenkönigin. Sie legt das reife Ei in ein leeres Wabenkästchen ab und klebt es am Boden der Wabe fest. Zu diesem Zeitpunkt ist das Ei etwa 1,3 bis 1,8 Millimeter groß und wiegt 0,3 Milligramm. Nach drei Tagen etwa entwickelt sich daraus das zweite Entwicklungsstadium, die Rundmade. Bis zu seiner Verpuppung wird die Larve von Arbeiterinnen oder Pflegebienen betreut.

Einsiedlerbienen

Bienen, die keine Larven pflegen und auch keine Staaten bilden, werden als Einsiedlerbienen bezeichnet. Bei den Einsiedlerbienen versorgen die Weibchen völlig eigenständig ihre Brut oder lassen sie von anderen aufziehen. Solche Einsiedlerbienen werden auch Kuckucksbienen genannt (siehe auch: „Solitärbienen" und „Kuckucksbienen").

Endokrine Drüsen

Man unterscheidet zwischen endokrinen und exokrinen Drüsen. Endokrine Drüsen sind Drüsen, deren Sekrete im Körperinneren abgegeben werden. Exokrine Drüsen hingegen verfügen über einen Drüsenausgang nach außen.

Entdeckeln

Als Entdeckeln bezeichnet man den Prozess, in dem der Imker den Wachsbezug von der Honigwabe entfernt, um den in der Wabe lagernden Honig zu kommen. Vor dem Schleudern des Bienenhonigs wird die Wabe entdeckelt.

Enzyme

Enzyme spielen bei der Honigherstellung eine sehr große Rolle. Die Enzyme werden in den Drüsen der Bienen gebildet. Für die Bereitung von Honig sind insbesondere drei Enzyme wichtig: Glycosidase, Amylase und Glucoseoxidase.

Erdbiene

Zu den Solitärbienen zählt auch die Sand- oder Erdbiene. Sie baut ihr Nest in der Erde. Dabei werden an einer geeigneten Stelle oft mehrere Hundert Erdbauten nebeneinander angelegt.

Ernährung

Bienen sind Vegetarierinnen. Anders als vermutet, machen sie auch nicht wilden Bienen Nahrung und Lebensraum streitig. Sie besuchen keine einzeln stehenden Blühpflanzen, sondern lediglich große Blütenareale, die als Nahrungsquelle für einen großen Bienenstock ausreichen (siehe auch „Tracht").

Europäische Faulbrut

Anders als die Amerikanischen Faulbrut handelt es sich bei der Europäischen Faulbrut um eine meist gut verlaufende Erkrankung. Die Krankheit wird von Bakterien verursacht.

Exine

Der Pollen wird durch eine zweischichtige Wand geschützt. Schließlich ist er ein Transportmittel für das wertvolle Erbgut einer Pflanze. Die Innenwand wird aus Kohlenhydraten gebildet. Sie wird auch Intine genannt. Die Außenwand, die Exine, besteht hingegen aus einem Biopolymer, das sehr widerstandsfähig ist.

Exkretionsorgan

Die Exkretionsorgane einer Biene übernehmen die Aufgabe, die Harnsäure an den Darm abzugeben. In

gewisser Weise sind sie vergleichbar mit den menschlichen Nieren. Die Exkretionsorgane der Biene werden auch malpighische Gefäße genannt (siehe auch „Malpighische Gefäße").

F

Facettenaugen

Die Facettenaugen der Biene bestehen aus mehreren Einzelaugen. Sie sind spezialisiert auf die Wahrnehmung von Bewegungen (siehe auch „Augen").

Farbmal

Woran erkennen die Bienen, ob eine Blüte Nektar oder Pollen trägt? An ihrem Farbmal. Als solches wird eine bestimmte Zeichnung oder Färbung der Kronblätter bezeichnet, mit Hilfe derer die Pflanze den Bestäubern signalisiert, dass sie Pollenvorräte beherbergt.

Faulbrut

Bei der Amerikanischen Faulbrut handelt es sich um eine meldepflichtige Bienenkrankheit, die als Seuche eingestuft ist. Ihre europäische Vari-

ante verläuft allerdings meist gutartig. (siehe auch „Amerikanische Faulbrut", „Europäische Faulbrut").

Fermente

Die Enzyme, also diejenigen Eiweiße, die im Körper als Katalysatoren fungieren, werden auch Fermente genannt (siehe auch „Enzyme"). Sie sind wichtig für den Körperbau und die Verdauung, aber auch für die Bereitstellung von Energie für alle Prozesse, die im Körper der Biene ablaufen.

Fettkörper

Der Fettkörper ist das Speicherorgan der Insekten, in dem Eiweiße, Kohlenhydrate und Fette gelagert werden. Der Fettkörper kann auch selbst Stoffe synthetisieren, zum Beispiel kann er aus Zucker Fette aufbauen. Er ist auch für die Produktion des Bienenwachses verantwortlich. Am ehesten kann man ihn mit der menschlichen Leber vergleichen.

Flavonoide

Unter den Pflanzenfarbstoffen sind die Flavonoide die bekanntesten. Flavonoide sind vor allem in Propolis enthalten. Sie gelten als besonders ge-

sund, können sie doch Entzündungen und Allergien oder Schmerzen positiv beeinflussen. Sie gelten zudem als Krampflöser. Ein Teil der Flavonoide gilt sogar als Antioxidantien. Im Honig und in Propolis sind besonders viele Flavonoide enthalten. Sie sind es auch, die für die typische Honigfarbe sorgen.

Flügel

Die durchscheinenden zarten Flügel der Biene bestehen aus Chitin (siehe auch „Chitin"). Dadurch sind sie leicht und beweglich und dennoch sehr widerstandsfähig. Bewegt werden die Flügel der Biene durch ihre Brustmuskulatur.

Flugbiene

Die Arbeiterinnen unter den Bienen sind abhängig vom Alter und vom Bedarf des Bienenvolkes zuerst im Bienenstock tätig. Erst in der zweiten Lebenshälfte werden sie als Sammelbienen oder Flugbienen eingesetzt. Flugbienen sind für das Sammeln von Pollen und Nektar verantwortlich. Sie tragen aber auch Wasser in den Bienenstock.

Flugloch

Die Ein- und Ausflugschneise zum Bienenstock bezeichnet man als Flugloch. Das Flugloch ist durchgängig geöffnet. An der Größe des Flugloches lässt sich unter anderem die Größe des Bienenvolkes feststellen. Im Winter, bei schlechtem Wetter oder im Falle einer Gefahr, dass andere Tiere dort eindringen, verkleinert der Imker das Flugloch mit einem Keil.

Flugmuskulatur

Die Muskeln für den Flügelschlag sind in der Brust der Biene angesiedelt. Hier, im Thorax, nehmen sie den größten Raum ein. Die Flugmuskulatur hat einen besonders hohen Sauerstoffbedarf. Der Sauerstoff wird daher besonders dosiert durch die hauchfeinen Verästelung der Tracheen zugeführt.

Frischpollen

Der Frischpollen ist der frische Pollen, der von den Sammel- oder Flugbienen mit in den Stock gebracht wird. Zur Entnahme des Frischpollens führt der Imker die Bienen bei der Ankunft am Flugloch über ein kleinmaschiges Gitter, in dem ein Teil des Pollens hängen bleibt. Pollen gelten als besonders nahrhaft und sind sehr gesund. Auch sie enthalten die wertvollen Flavonoide (siehe auch „Flavonoide").

Frühtracht

Die Tracht umfasst das gesamte Nahrungsangebot der Bienen an Nektar, Pollen und Honigtau. Die Frühtracht ist die Tracht, die zur ersten Honigernte eines Jahres führt. Neben der Frühtracht gibt es auch noch die Sommertracht und die Spättracht.

Fruktomaltose

Fruktomaltose ist eine Fruktose-Glukose-Glukose Kombination, die insbesondere in Honigtau vorkommt.

Fruktose

Einkettige Zucker, also Monosaccharide, werden auch als Fruktose oder Fruchtzucker bezeichnet. Er ist der Zucker unter den natürlichen Zuckervorkommen, der am süßesten ist. In hoher Konzentration ist er zum Beispiel im Honig enthalten.

Fühler

Der Fühler der Biene wird in der Biologie auch Antenne genannt. Hier sind ein Großteil der Sinnesorgane und Sinneszellen untergebracht. Jedes Insekt verfügt über paarige Antennen.

Die Fühler der Biene bestehen aus Schaft, Wendeglied und zehn bis elf Geisselgliedern. Arbeiterinnen und Königin besitzen zehn Geisselglieder, Drohnen elf. In den Fühler befinden sich auch der Geruchssinn und der Tastsinn. Je nach Aufgabenbereich der Biene unterscheiden sich die Fühler.

Futterkranzprobe

Wenn der Imker nach dem Winter im Frühling erstmals wieder die Beute öffnet, um nachzusehen, wie sein Bienenvolk den Winter überstanden hat, entnimmt er in der Regel auch eine Futterkranzprobe. Als solche wird eine Honigprobe bezeichnet, die im Labor auf etwaige Erkrankungen und Parasiten untersucht wird. Dazu werden die Sporen im Honig analysiert (siehe auch „Faulbrut").

Futtersaft

Der Futtersaft ist besonders reich an Energie und Eiweißstoffen. Die Ammenbienen bilden den Futtersaft in ihren Drüsen und verfüttern ihn dann an die Larven beziehungsweise an die Königin. Der Futtersaft für die Bienenkönigin unterscheidet sich von dem für die Larven allerdings durch seine Zusammensetzung. Das Gelée Royale ist die wertvollste Nahrung, quasi die Muttermilch der Ammenbiene. Mit ihm wird die Königin zeit ihres Lebens ernährt.

Futtersaftdrüse

Die Drüsen, die den wertvollen Futtersaft bilden, sitzen im Kopf der Arbeiterbiene. Nur die Arbeiterinnen sind in der Lage dazu, dieses Drüsensekret zu bilden. Das Sekret fließt direkt in den Mund der Biene, wo es mit Zucker aus der Honigblase oder dem Sekret der Mandibeldrüse angereichert wird. Die Aktivität der Drüsen ist hormongesteuert und lässt sich auch bei Bedarf reaktivieren.

Futterteig

Die Honigvorräte legt das Bienenvolk für den Winter an. Werden sie vom Imker entnommen, so müssen sie durch Ersatznahrung wie den Futterteig oder Flüssigzucker ersetzt werden. Die Bienen nutzen diese Wintereinfütterung dann erneut dazu, um Nahrungsvorräte anzulegen. Honig wird allerdings keiner mehr gebildet. Dazu fehlen Nektar und Honigtau (siehe auch „Wintereinfütterung").

Futterzarge

Die Futterzarge oder der Futteraufsatz werden bei der Magazinbeute zuoberst eingesetzt. Über sie kann der Imker ein Bienenvolk mit Nahrung versorgen.

G

Gattung

Die Gattung ist der Oberbegriff für nah verwandte Arten. Der Gattungsname ist daher auch immer Bestandteil der Artenbezeichnung. So ist Apis die Gattung, Apis mellifera die Art der Honigbiene. Mehrere Gattungen werden wiederum zu Familien zusammengefasst.

Ganglion

Ganglien sind Knoten in den Nervensträngen der Biene. Hier befinden sich besonders viele Nervenzellen. Da die Ganglien bei den Bienen sehr regelmäßig angeordnet sind, spricht man auch von einem Strickleiternervensystem (siehe auch „Strickleiternervensystem").

Gelée royale

Der Weiselfuttersaft, das Kopfdrüsensekret oder Gelée royale ist ein besonders nahrhafter Saft, mit dem die Königin und die Maden in den ersten drei Tagen gefüttert werden. Gebildet wird er von den Ammenbienen, also den jungen Arbeiterinnen, die das Sekret aus den Kopfspeicheldrüsen mit dem Mandibelsekret vermischen. Gegebenenfalls setzen sie dem Saft auch noch Zucker aus der Honigblase zu (siehe auch „Futtersaftdrüse").

Gemüll

Das Gemüll enthält alles, was sich auf der Bodenplatte der Beute ansammelt. Abfälle ebenso wie Wachsreste, Stücke von Propolis oder auch Milben. Als Indikator für den Gesundheitszustand der Bienen ist das Gemüll sehr aufschlussreich. Der Imker sollte es deshalb genau durchsuchen, bevor es von den Bienen entfernt wird.

Geruchssinn

Den besten Geruchssinn unter den Bienen haben die Drohnen. Ihre Geißeln enhalten besonders viele Riech-, Poren- und Membranplatten. Man schätzt, dass es etwa 30.000 sind. Eine Arbeitsbiene hingegen verfügt nur über circa 6.000 Riechplatten.

Geschlechtsorgan

Die Geschlechtsorgane der Biene befinden sich in ihrem Hinterleib. Sie bestehen aus den Eierstöcken, den Eileitern und der Vagina. Die Bienenkönigin verfügt darüber hinaus über einen speziellen Spermienvorrat in der Samenblase. Der Geschlechtsapparat des Drohns besteht aus Hoden, Samenleitern und Penis. Nach der Begattung stirbt der Drohn an Haemolymph-Mangel. Für den Begattungsprozess hat er seine gesamte Körperflüssigkeit verwenden müssen.

Giftblase

Im Hinterleib liegt die Giftblase der Bienen. Hier wird das Bienengift gespeichert. Nur Arbeiterinnen und Königin haben eine Giftdrüse und eine Giftblase, Drohnen haben keine (siehe auch „Giftdrüse"). Bei der König hat sich aber zugunsten des Eierlegens der Stachelapparat zurückgebildet.

Giftdrüse

Die ausgewachsene Biene produziert das Bienengift in der Giftdrüse am Hinterleib. Ist das Gift erst einmal gebildet, wird es in der Giftblase bis zu seinem Einsatz gelagert. Rechtzeitig zu ihrer Aufgabe als Wächterin des Bienenstocks ist die Giftblase der Arbeiterbiene gefüllt. Die Blase kann nicht nachgefüllt werden. Jeder Biene steht nur der einmalige Vorrat an Gift, das sind etwa 0,1 Milligramm,

zur Verfügung. In Osteuropa und Asien wird das Bienengift für die pharmazeutische Industrie gezielt entnommen. Dazu werden leichte Stromstöße verabreicht, die die Bienen zur Giftabgabe anregen.

Glucoseoxidase

Eines der drei Enzyme im Honig ist die Glucoseoxidase. Sie enthält ein Sauerstoffatom, das, wird es freigesetzt, desinfizierend wirkt.

Glukose

Die Glukose oder Dextrose ist ein Monosaccharid. In der Umgangssprache wird es auch Traubenzucker genannt. Für den Stoffwechsel spielt die Glukose eine herausragende Rolle. Sie stellt die meiste Energie für die Körperprozesse zur Verfügung. Andere Zucker werden daher häufig zu Glukose umgewandelt.

H

Hakenreihe

Hakenreihe und Hakenfalte verbinden die Vorderflügel der Biene mit ihren Hinterflügeln. Der Vorderflügel hakt sozusagen in den Hinterflügel ein. So bilden sie einen großen Gesamtflügel, der die Flugeigenschaften der Biene optimiert (siehe auch „Haftfalte").

Haemolymphe

Im Gegensatz zum Menschen hat die Biene wie alle anderen Insekten auch einen offenen Kreislauf und anstelle von Blut die Haemolymphe. Durch das offene Kreislaufsystem sind Blut und Lymphe, also Gewebeflüssigkeit, nicht getrennt. Sie vermischen sich zur Haemolymphe. Die Haemolymphe transportiert Abbauprodukte und Nährstoffe an die malpighischen Gefäße beziehungsweise an den Organismus.

Häutung

Die Bienenhaut ist quasi zugleich das Skelett. Es liegt außen und wird daher auch als Exoskelett bezeichnet. Da die Haut fest und unflexibel ist, kann sie nicht mitwachsen. In der Entwicklung der Biene findet daher in jedem Stadium eine Häutung statt, die den Übergang zum nächsten Entwicklungsstadium ermöglicht. Das Ei wird erst nach sechsmaliger Häutung zur flugfähigen Biene.

Haftfalte

Die Haftfalte ist wie die Hakenreihe eine Besonderheit der Bienenflügel. Vorderflügel und Hinterflügel werden somit quasi nahtlos verbunden und bilden eine Einheit (siehe auch „Hakenreihe").

Hautflügler

Die Biene zählt zu den Hymenoptera, den Hautflüglern. Zu ihnen gehören auch Ameisen und Wespen. Die Bezeichnung stammt von ihren zarten, transparenten Flügeln ab, die wie eine dünne Haut anmuten.

Heidehonig

Die Konsistenz von Honig unterscheidet sich sehr stark. Besonders zäh ist der Heidehonig. Er lässt sich nur schwer schleudern. Manchmal wird er daher auch als Wabenhonig oder als Presshonig angeboten. Der größte Anteil deutschen Heidehonigs stammt aus der Lüneburger Heide und anderen Heidelandschaften.

Herzschlauch

Bienen haben ein offenes Kreislaufsystem. Ihr Herz schließt an den so genannten Herzschlauch an, der die Haemolymphe bis in den Kopf der Biene pumpt. Dort enden die Gefäße offen im Gewebe. Ist die Haemolymphe dort angekommen, fließt sie über den Herzschlauch auf gleichem Wege wieder zurück ins Herz.

Hinterbehandlungsbeute

Hinterbehandlungsbeuten sind Beuten, die von der Rückseite her geöffnet werden. Der Zugang zum gesamten Brutraum erfolgt also von der Hinterseite des Bienenstocks. Der Imker muss sich dazu bücken. Die Arbeit an Hinterbehandlungsbeuten gilt daher als beschwerlicher als die an Ober-

behandlungsbeuten, welche von oben bearbeitet werden.

Hinterleib

Der Hinterleib oder Abdomen der Biene beherbergt alle wichtigen Organe und Drüsen. Er ist so konstruiert, dass eine maximale Flexibilität und Beweglichkeit erreicht werden. Beim Stechen kann die Biene den Hinterleib blitzschnell krümmen. Die Kontraktion des Hinterleibs ist aber auch wichtig für die Funktion der Atmungsorgane, der Tracheen. Der Hinterleib funktioniert hierbei quasi als Blasebalg.

Histamin

Histamin ist ein Bestandteil des Bienengifts. Dieses kleine Molekül wirkt lokal als Hormon. Wird es freigesetzt, führt dies zu einer Erweiterung der Blutgefäße. Sie werden für Wasser durchlässig. Die Folge: die typische Hautschwellung nach einem Bienenstich.

HMF

Ein Abbauprodukt, das sich im Honig oft nachweisen lässt, ist das Hydroxymethylfurfural HMF. Wird der Honig lange gelagert, so bildet es sich aus Zucker. Eine hohe Säure und warmes Wetter fördern die Entstehung von HMF. Hydroxymethylfurfural ist daher auch ein Indikator für eine Überlagerung beziehungsweise für eine zu hohe Lagertemperatur. Qualitätshonig weist nur einen geringen Gehalt an HMF auf.

Hobbock

Ein Hobbock oder Honigeimer ist ein in der Regel aus Edelstahl gefertigter, luftdicht verschließender Eimer. Er ist etwa 50 cm hoch, hat einen Durchmesser von 30 cm und fasst 50 Kilogramm Honig. Unten, am Nullpunkt des Kessels hat er einen Auslasshahn, über den der Honig entnommen werden kann.

Hobbyimker

Hobbyimker beginnen ihre Imkertätigkeit in der Regel mit zwei bis drei Bienenvölkern. Vier von fünf Imkern betreiben die Imkerei als Hobby, nur 20 Prozent sind Berufsimker. Sie haben eine dreijährige Ausbildung als Tierwirt – Fachrichtung Bienenhaltung absolviert. Hobbyimker kann eigentlich jeder werden. Es ist nicht viel, was man zum Start benötigt. Auf diesen Seiten erfahren Sie alles, was Sie über die Imkerei wissen müssen.

Honig

Die Nahrungsreserve der Bienen ist der Honig. Er sorgt dafür, dass das Bienenvolk auch im Winter ausreichend Nahrung hat. Aus Nektar und Honigtau machen die Bienen den Honig. Dazu versetzen sie die Lösung mit Kohlenhydraten und anderen Stoffen, die dem Honig das Wasser entziehen. Honig ist ein reines Naturprodukt. Er besteht lediglich aus drei Substanzen: dem Nektar der Pflanzen, dem tierischen Honigtau und den von den Bienen zugesetzten Stoffen zur Verarbeitung.

Honigbereitung

Die Biene bereitet den Honig in drei Schritten zu. Zuerst versetzt sie Nektar und Honigtau mit ihrem Speichel. Die Enzyme darin spalten die Zucker auf. Zuletzt wird dem Honig das Wasser entzogen. Er wird dickflüssig und zäh. Der Prozess der Honigbereitung beginnt bereits in der Sammelphase. Schon während der Nektaraufnahme werden Enzyme zugesetzt. In der Honigblase, wo die Vorräte während des Transportes zum Stock lagern, wird die Lösung außerdem weiterverarbeitet.

Honigbienen

Apis mellifera, die Honigbiene ist die typische Bienenart in Europa. Tatsächlich aber gibt es mehrere Tausend unterschiedliche Arten unter den Bienen. Die Honigbiene wiederum lässt sich in verschiedene Rassen unterteilen, so zum Beispiel in Apis mellifera mellifera (die Dunkle Biene), Apis mellifera ligustica (die italienische Biene), Apis mellifera caucasica (die Kaukasische Biene) und Apis mellifera carnica (die Kärntner Biene).

Honigblase

Die Sammelbienen sammeln Honigtau und Nektar. Bereits auf dem Flug zurück zum Bienenstock werden diese in der Honigblase verarbeitet. Hier beginnt bereits der Reifungsprozess. Im Bienenhaus angekommen, gibt die Sammelbiene den Inhalt der Honigblase dann an die Arbeitsbienen im Stock ab. Ein kleiner Teil davon dient auch zu ihrer eigenen Ernährung. Der ständige Austausch der Nahrung in der Honigblase unter den Bienen sorgt dafür, dass alle Bienen im Bienenstock über einen etwa gleich großen Vorrat an Nahrung verfügen.

Honigernte

Das Ziel eines jeden Imkers ist die Honigernte. Dazu entnimmt er jeweils am Ende einer Tracht den Honig aus den Honigwaben und ersetzt ihn durch eine Zuckerlösung. Dies geschieht etwa drei bis vier Mal im Jahr. Im Anschluss daran wird der Honig geschleudert, dann gesiebt und durchgerührt und schließlich abgefüllt.

Honigraum

Der Honigraum ist der Bereich der Beute, in dem sich lediglich der Honig befindet. In Magazinbeuten ist das die obere Zarge. Sie ist durch ein feinmaschiges Gitter von den Brutwaben getrennt, wo die Königin aufgrund ihrer Größe nicht durchkommt und dort daher auch keine Eier ablegen kann. Der Honigraum enthält daher nur Honigwaben.

Honigschleuder

Es gibt mechanische und elektrisch angetriebene Honigschleudern. Erstere werden mit einer Kurbel per Hand bedient. Wabenkorb und Kessel einer Honigschleuder bestehen immer aus reinem Edelstahl. Hier werden die Honigwaben nach ihrer Entdeckelung eingehängt und geschleudert. Der Honig wird bei diesem Vorgang aus den Waben geschleudert und sammelt sich im Kessel. Moderne Schleudern drehen die Honigwaben automatisch, damit der Honig an beiden Seiten heraus fließen kann. Nach dem Schleudern wird der Honig von größeren Partikeln befreit. Er wird dafür durch ein feines Sieb gesiebt.

Honigsorten

Es gibt fast so viele Honigsorten wie Blühpflanzen. Aber nicht jeder Honig darf als Sortenhonig verkauft werden. Dieser Begriff ist nur denjenigen Honigen vorbehalten, die aus vorwiegend einer Quelle stammen. Dies schreibt die Honigverordnung vor. Der Imker muss also genau beobachten, welche Tracht seine Bienen besuchen. Er muss ebenso gezielt den Zeitpunkt der Honigentnahme bestimmen, damit keine Vermischung stattfindet. Honigsorten sind zum Beispiel Akazienhonig, Blütenhonig, Heide- und Kastanienhonig, Lindenblütenhonig, Rapshonig, Tannen- und Waldhonig oder Wildblütenhonig.

Honigtau

Honigtau ist ein Ausscheidungsprodukt. Blattläuse, Schildläuse und Zikaden sondern ihn ab. Für andere Insekten wiederum ist er wichtige Nahrung, so für Ameisen und Bienen. Der Honigtau ist sehr reich an Zucker. Er enthält unterschiedliche Monosaccharide, Oligosaccharide und die Dreifachzucker Melezitose, Erlose und Fructomaltose. Sie allein sind bereits für die Hälfte des Zuckergehalts im Honigtau verantwortlich.

Honigtauhonig

Den Laien verwirrt oft, dass manche Honige fest und zäh sind, andere hingegen klar und flüssig. Ein Grund dafür ist ihr unterschiedlicher Zuckergehalt. Ist dieser besonders hoch,

kristallisiert der Honig aus. Dieser Vorgang ist jedoch abhängig von der Temperatur. Honigtauhonig enthält ebenso wie Waldhonig besonders viel Fruktose. Er ist daher fast immer klar und flüssig. Honigtauhonig besteht vorwiegend aus den zuckerhaltigen Ausscheidungen von saugenden Insekten. Er ist dunkler in der Farbe und von kräftigem Aroma.

Honigverordnung

Die Honigverordnung stammt aus dem Jahr 2004. Sie regelt die Qualitätsanforderungen an Bienenhonig. So besagt sie unter anderem, dass dem Honig weder Stoffe zugesetzt noch entzogen werden dürfen. Lediglich eine Entnahme von Pollen ist erlaubt. Dann jedoch muss der Honig als „Gefilterter Honig" gekennzeichnet werden.

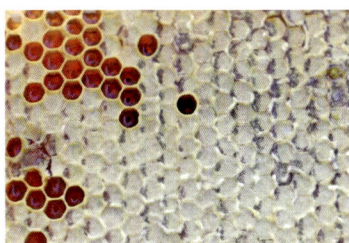

Honigwabe

Bei der Entnahme der Honigwaben muss der Imker sicherstellen, dass sich auf ihnen keine Brut befindet. Ansonsten würde der Honig verunreinigt. Die modernen Magazinwaben erleichtern die Trennung von Brutwaben und Honigwaben. Sie sind durch ein Absperrgitter getrennt. Lediglich in der oberen Zarge befindet sich der Honig. Die Maschen des Absperrgitters sind sehr eng gesetzt. Die Königin kann nicht hindurch. Deshalb befindet sich auf den Honigwaben auch keine Brut. Während der Entnahme der Honigwaben sollte der Imker

übrigens keine Pfeife benutzen – der Rauch würde den Honig ansonsten geschmacklich verändern.

Hyaluronidase

Hyaluronidase ist ein Bestandteil des Bienengifts (siehe auch „Histamin"). Es ist ein allergen wirksames Enzym, das heißt, es kann eine Überempfindlichkeitsreaktion auslösen. Darüber hinaus verringert Hyaluronidase auch die Kittsubstanz des Bindegewebes. Ähnlich wie bei einem Verdauungsvorgang löst das Enzym dabei das Bindegewebe auf.

Hydroxymethylfurfural

Hydroxymethylfurfural oder HMF ist ein Zucker Abbauprodukt. In Honig ist es nur in kleinen Mengen enthalten. Wurde der Honig jedoch falsch oder zu lange gelagert und hohen Temperaturen ausgesetzt, so steigt der Anteil an Hydroxymethylfurfural an. Erlaubt ist lediglich ein maximaler Anteil von 15 mg HMF in einem Kilogramm Honig.

Hymenoptere

Der wissenschaftliche Begriff für Hautflügler ist Hymenoptere. Die Bienen zählen wie die Hummeln zu den Hymenopteren, zu den Insekten mit transparenten Flügelpaaren.

Hypopharynxdrüse

Die Arbeiterinnen verfügen über spezielle Futtersaftdrüsen, die Hypopharynxdrüsen. Besonders stark ausgebildet sind sie bei den jungen Arbeitsbienen. Die Drüsen sind im Kopf der Biene angesiedelt. Sie bilden ein nahrhaftes Sekret, das direkt in den Mund der Biene fließt. Dieses Sekret aus Eiweißen, Fetten, Vitaminen und Mineralstoffen wird dann an die Königin und an die Brut verfüttert. Die

Zusammensetzung unterscheidet sich dabei je nach Entwicklungsstadium der Larve. Für die Königin wird eine ganz besondere Mischung produziert, die über Hormone gesteuert wird.

I

Imago

Die ausgewachsene, geschlechtsreife Biene wird als Imago bezeichnet. Erst die Imago ist flugfähig. Die anderen Larvenstadien sind es noch nicht.

Imker

Der Imker hält Bienen in einer Magazinbeute oder einem Bienenkorb, während der Zeidler ausschließlich mit Wildbienen arbeitet. Viele Imker betreiben neben der Bienenhaltung auch eine Bienenzucht.

Imkeranzug

Bei der Arbeit trägt der Imker einen Schutzanzug, den Imkeranzug. Er besteht aus einer hellen Jacke und Hose mit anliegenden Bündchen. Dazu trägt der Imker einen weißen Hut mit Schleier und Imkerhandschuhe mit Stulpen. Manche Imker arbeiten mit sanftmütigen Bienen und lassen daher oft Handschuh und Schleier weg. Das funktioniert aber nicht immer. Trägt die Tracht keine Blüten, sind auch diese Bienen häufig aggressiv und greifen den Imker an. Es empfiehlt sich daher in solchen Situationen, bei der Arbeit den vollständigen Imkeranzug zu tragen.

Imkerei

Die Imkerei ist ein sehr aufwändiges Hobby oder ein Vollzeitjob für den Berufsimker. Voraussetzung dafür ist immer eine enge Verbundenheit mit der Natur. Der Imker muss genau beobachten können und wissen, welche Tracht gerade blüht. Er muss die Temperaturen einschätzen können, um den Bienenstock gegebenenfalls zu schützen. Er muss Krankheiten bekämpfen und letztendlich den Honig machen. Zu jedem Zeitpunkt muss der Imker über die Größe, den Gesundheitszustand und den Ernährungszustand seines Bienenvolkes Bescheid wissen.

Imkerpfeife

Die Imkerpfeife (siehe auch „Dathepfeife") sondert einen kräuterhaltigen Rauch ab, der die Bienen beruhigt. Heute verwendet der Imker allerdings meistens einen Smoker (siehe auch „Smoker").

Imme

Früher wurden Bienen auch als Immen bezeichnet. Heute wird der Begriff nur noch in der Biologie für die Taillenwespe verwendet.

Importhonig

Importhonig enthält nicht nur oftmals Verunreinigungen. Bei ihm ließen sich auch bereits genveränderte Pollen nachweisen. Außerdem ist Importhonig häufig hoch erhitzt worden, damit er sich leichter abfüllen lässt. Hitzegeschädigte Honige erkennt man zum Beispiel daran, dass sie auch nach mehreren Wochen nicht auskristallisieren. Bei deutschen Honigen, die gemäß der Honigverordnung hergestellt wurden, handelt es sich immer um Qualitätshonige, die mit äußerster Sorgfalt produziert werden.

Inhibine

Wirkstoffe, die das Keimwachstum unterbinden, werden als Inhibine bezeichnet. Im Honig enthaltene Inhibine sind die Pflanzenfarbstoffe, die Flavonoide und das Wasserstoffperoxyd.

Insekt

Bienen gehören zu den Insekten. Insekten erkennt man an ihrer Körperteilung. Kopf, Thorax und Abdomen sind durch Einschnürungen (Taillen) deutlich voneinander getrennt.

Intine

Die innere Wand, die den Pollen umgibt, ist die Intine. Als Exine wird die zweite Wand, die äußere, bezeichnet (siehe auch „Exine"). Beide haben eine Schutzfunktion. Sie schützen das pflanzliche Erbgut des Pollens beim Transport.

Invertase

Invertase ist ein Verdauungsenzym, das sich im Honig nachweisen lässt. Es fällt bei der Verarbeitung von Zucker zu Fruktose und Glukose an.

Isomaltose

In der Haemolymphe (siehe auch „Haemolymphe") der Bienen ist Isomaltose, eine Zuckerart, enthalten, . Sie ist dem Glukosegehalt im menschlichen Blut ähnlich.

J

Jahresfarbe

Damit der Imker die Königin bei seiner Kontrolle schnell findet, markiert er sie mit einem Farbplättchen oder einen Farbklecks aus einem Farbstift. Dieses Plättchen gibt auch Auskunft über das Alter der Königin. Dazu gibt es fünf Jahresfarben: Weiß, Gelb, Rot, Grün und Blau. Sie werden abwechselnd verwendet. Nach Blau in 2010 ist 2011 die Farbe Weiß erneut an der Reihe, 2012 dann Gelb usw.

Jungvolk

Das Bienenvolk wird im ersten Jahr auch als Jungvolk bezeichnet.

Juvenilhormon

Das Juvenilhormon ist ein insektentypisches Hormon. Es steuert die Entwicklung der Insekten. Vor jeder Häutung wird die Produktion des Hormons gedrosselt und schließlich ganz eingestellt. Bei der erwachsenen Biene steuert das Juvenilhormon die Ausbildung der Geschlechtsorgane. Je nach Konzentration des Hormons in der Haemolymphe lässt sich auch das Alter einer Arbeitsbiene bestimmen.

K

Kalkbrut

Ein Schimmelpilz ist die Ursache für die Kalkbrut, eine Erkrankung der Brut. Der Pilz wächst in der Larve und umgibt sie schließlich ganz mit einem Geflecht aus weißen Pilzfäden, dem Myzel. Die Larven erinnern daher an kleine Mumien. Spätestens im Stadium der Streckmade sterben sie dann.

Kastanienhonig

Ein besonders kräftiger, herber Honig ist der Kastanienhonig. Er wird aus den Blüten der Esskastanie gewonnen. In Deutschland wird er besonders im Pfälzer Wald, im Taunus und im Rheintal hergestellt. Der Kastanienhonig kristallisiert nicht aus, er bleibt immer flüssig. Der hohe Anteil an Fruktose ist dafür verantwortlich.

Kittharz

Das gesammelte Harz versetzen die Bienen mit Speichel und Wachs. Mit diesem Kittharz dichten sie den Stock ab. Wegen seiner Inhaltsstoffe wird das Kittharz (Propolis) auch zunehmend in der Medizin verwendet. Besonders die Naturmedizin hat es in den letzten Jahren wiederentdeckt.

Kleehonig

Ein milder Honig ist der Kleehonig. Er hat eine helle Farbe, manchmal ist er fast weiß. Im Gegensatz zum Kastanienhonig (siehe auch „Kastanienhonig") kristallisiert der Kleehonig fast immer aus. Schuld daran ist der hohe Traubenzuckergehalt des Kleehonigs.

Königin

Die Königin oder Weisel ist die einzige Biene im Bienenvolk, die geschlechtsreif ist. Solange sie lebt, sind die Eierstöcke der Arbeitsbienen nicht vollständig entwickelt. Ein von ihr abgesondertes Pheromon, die Königinnensubstanz, verhindert dies. Aus den von Drohnen begatteten Eiern der Königin entwickeln sich neue Arbeiterinnen oder auch eine neue Königin.

Königinnenfuttersaft

Der Königinnenfuttersaft, das Gelée royale, ist eine sehr nahrhafte Substanz mit einem hohen Eiweißgehalt. Die Arbeiterinnenlarven erhalten sie für wenige Tage, Königinnenlarven werden ausschließlich mit ihr gefüttert. Die Zusammensetzung des Königinnenfuttersafts ändert sich jedoch je nachdem, ob er als Nahrung für die normale Brut oder für die Königinnenlarve eingesetzt wird.

Königinnensubstanz

Das in den Mandibeldrüsen der Königin entwickelte Sekret, die Königinnensubstanz, strömt einen Botenstoff aus, der die Entwicklung der Geschlechtsorgane bei den anderen Bienen unterbindet. Sie verhindert auch das Anlegen von Schwarmzellen. Die Königinnensubstanz wirkt als Pheromon, das gleichzeitig auch als Erkennungszeichen für das Bienenvolk fungiert. Für den Zusammenhalt und die Einheit des Volkes ist es von großer Bedeutung.

Königinnenzucht

Die Königinnenzucht erfordert vom Imker ein umfassendes Know-how und eine langjährige Erfahrung. Wichtig sind neben der Ablegerqualität auch der richtige Zeitpunkt des Zuchtbeginns und das richtige Material. Es muss sichergestellt sein, dass sich der Stock auf dem Zenit der Entwicklung befindet. Nur dann hat er die Kraft für das Aufziehen der neuen Königin.

Körbchensammler

Die wichtigste Gruppe unter den Bienen ist die der Körbchensammler. Dazu zählen alle Honigbienen. Sie verfügen anders als andere Bienen über eine Behaarung an den Beinen, in denen die Pollen sich verfangen und haften bleiben. Sind die Körbchen voll, trägt die Biene ein so genanntes Pollenhöschen.

Körung

Zur Bienenzucht muss der Imker eine so genannte Körung durchführen. Dabei bestimmt man die Körpermerkmale der Biene, erfasst ihre Rassereinheit und analysiert unter anderem Panzerzeichen, Filzbindenbehaarung und Haarlänge. Alle Merkmale werden in den Körungsbericht eingetragen.

Kommunikation

Die Kommunikation der Bienen ist ein äußerst komplexes System. Es besteht aus einer Tanzsprache und verwendet zudem Pheromone, die die Nerven und Hormone der einzelnen Biene ansprechen. Aber auch beim Futteraustausch unter den Bienen wird ein aktiver Informationsaustausch betrieben. Hierbei werden nicht nur Nahrung, sondern auch Düfte und Pheromone übertragen.

Komplexaugen

Die Facettenaugen (siehe auch „Facettenaugen") der Biene bestehen aus Netzaugen oder Komplexaugen. Sie setzen sich aus unterschiedlichen, einzelnen Augen zusammen. Jedes einzelne Auge hat eine eigene Linse und eine Sinneszelle. Im Gehirn werden die Informationen der Augen dann zu einem Bild zusammengesetzt. Die Biene sieht rasterförmig, kann allerdings besonders gut Bewegungen wahrnehmen. Details erkennt sie aber erst aus nächster Nähe.

Konsistenz

Abhängig vom Glukose und Fruktose Gehalt ändert sich die Konsistenz eines Honigs. Enthält er wie beispielsweise der Kleehonig viel Glukose, hat der Honig zumeist eine cremige, feste Konsistenz. Ist der Fruktosegehalt im Honig hoch, so wie beim Waldhonig oder Kastanienhonig, dann bleibt er meist flüssig und klar.

Kopf

Der Kopf der Biene enthält neben dem Gehirn auch die zentralen Sinnesorgane. Hier liegen die Augen, hier befinden sich auch die Antennen, die Mundwerkzeuge (Mandibeln) und der Rüssel.

Kopfdrüsensekret

Die jungen Arbeiterinnen bereiten aus dem Sekret ihrer Kopfspeicheldrüsen und dem ihrer Mandibeldrüsen das königliche Gelee (Gelée royale) zu. Damit werden die Bienenlarven über einen Zeitraum von drei bis vier Tagen gefüttert. Königinnenlarven erhalten ausschließlich Gelée royale als Nahrung.

Kopfspeicheldrüse

Die Futtersaftdrüse (siehe auch „Futtersaftdrüse") wird auch Kopfspeicheldrüse genannt. Hier wird der Hauptbestandteil für das Gelée royale produziert. Der Futtersaft dient zur Ernährung der Larven, insbesondere aber als Nahrung für die Königinlarve.

Krankheiten

Zu den wichtigsten Krankheiten der Bienen zählen die Varroose, die Amerikanische Faulbrut, die Nosematose und die Accariose. Man unterscheidet Brutkrankheiten und Erkrankungen der erwachsenen Biene. Neben Viren, Bakterien und Pilze gelten insbesondere Parasiten wie Milben als Verursacher von Bienenkrankheiten.

Krankheitsvorsorge

Die beste Vorsorge ist die Hygiene. Der Imker sollte vor jedem Besuch des Bienenhauses seine Hände waschen, aber auch sein Werkzeug sorgfältig reinigen. Darüber hinaus sollte er regelmäßig eine Futterkranzprobe (siehe auch „Futterkranzprobe") anfertigen lassen. Je früher eine Erkrankung erkannt wird, umso besser kann sie behandelt werden. Eine Quelle für Krankheiten ist auch der Zukauf und Import von fremden Königinnen oder Bienenvölkern.

Kreislauf

Der Kreislauf von Insekten ist ein offenes System. Die Haemolymphe (siehe auch „Haemolymphe") fließt dabei nicht durch geschlossene Adern, sondern wird über den Herzschlauch vom Herz bis in den Kopf gepumpt. Danach fließt sie wieder zurück.

Kropfsammler

Zu den Kropfsammlern, den Colletidae, zählen in Mitteleuropa die Seidenbiene und die Maskenbiene.

Kuckucksbiene

Die Kuckucksbiene trägt ihren Namen, weil sie ähnlich wie der Kuckuck ihre Larven in die Nester anderer Bienen legt. Etwa jede vierte Bienenart in Deutschland ist eine Kuckucksbiene. Sie legen keine eigenen Vorräte an und haben daher auch keine Bauch- und Beinbürsten zum Sammeln von Pollen.

Kunsthonig

Künstlicher Honig wird aus Rohrzucker und Stärke hergestellt. Er darf allerdings nicht mehr als Kunsthonig bezeichnet werden, sondern kommt nun als Invertzuckercreme in den Handel. Entstanden ist er zu Zeiten der Honigknappheit. Vereinzelt verwenden ihn heute noch Bäckereien.

Kunstschwarm

Will der Imker ein neues Bienenvolk gründen, so regt er die Bildung eines Kunstschwarms an. Dazu fegt er die Bienen von den Brutwaben ab und sammelt sie in einer neuen Beute. Die Königin bleibt bei ihrem alten Volk. Dem neuen Jungvolk wird eine neue Königin zugesetzt.

L

Labium

Als Labium wird der untere Teil der Mundwerkzeuge bei Insekten bezeichnet. Bei stechenden und saugenden Insekten ist das Labium, die Unterlippe, häufig als Rüssel ausgebildet. Er besteht aus Labium und Maxillen, den zwei Unterkiefern. Die Unterlippe selbst ist eine behaarte Zunge mit einer kleinen Vertiefung an der Spitze. Mit dieser Vertiefung, diesem Löffelchen, tupft die Biene einzelne Tropfen auf. Größere Mengen an Flüssigkeiten saugt sie durch den Unterkieferkanal auf.

Lachniden

Die Baumläuse oder Rindenläuse zählen zu den Lachniden. Sie gelten als wichtige Produzenten von Honigtau. Die Läuse leben auf Nadelbäumen wie Fichten oder Tannen. Hier setzen sie die Honigtautröpfchen ab, die dann von den Bienen gesammelt werden.

Läppertracht

Das Gegenteil der Massentracht ist die Läppertracht. Auch wenn kleinere Trachten bei der Ernährung des Bienenvolkes eine untergeordnete Rolle spielen, so sind sie doch in trachtarmen Zeiten als Lückenfüller begehrt und ergänzen den Nahrungsvorrat des Volkes. Außerdem sorgen sie für die Vielfalt in der Ernährung der Bienen und Larven.

Lagerung

Der Deutsche Imkerbund empfiehlt, Honig immer kühl und dunkel zu lagern. Der Deckel sollte dazu immer fest verschlossen sein, damit keine Luft und Feuchtigkeit in das Honigglas eindringen. Sie würden seinen Geschmack verändern. In einem geschlossenen Gefäß kann der Honig allerdings ohne Qualitätseinbußen über Jahre gelagert werden.

Larve

Die Larve ist ein frühes Entwicklungsstadium der Biene. Sie ist weiter entwickelt als das Ei, hat aber anders als die Imago noch keine entwickelten Geschlechtsorgane und Flügel. Bei den Honigbienen ist die Larve eine Made.

Lavendelblütenhonig

Der Lavendelblütenhonig oder Lavendelhonig stammt aus dem Süden Frankreichs, der Provence. Sie ist die Heimat unendlicher Lavendelfelder, die häufig zusammen mit Olivenbäumen angepflanzt werden. Der Lavendelblütenhonig ist hellgelb, von cremiger Konsistenz und duftet intensiv nach Lavendel.

Lecaniiden

Ähnlich wie die Lachniden (siehe auch „Lachniden") sind auch die Lecaniiden wichtige Honigtau Lieferanten für die Bienen. Die Schildläuse sitzen besonders häufig auf Fichten, sind allerdings anders als die Lachniden unbeweglich.

Lindenblütenhonig

Der Lindenblütenhonig entstammt aus den Blüten der Linde. Er schmeckt süß und fruchtig.

Lindenhonig

Anders als der Lindenblütenhonig stammt der Lindenhonig aus dem Nektar und dem Honigtau der Linde. Er ist hellgelb bis grünlich, kann aber auch bräunlich sein. Die Farbe weist auf den unterschiedlichen Gehalt an Honigtau hin.

Löffelchen

Die kleine Vertiefung an der Zungenspitze der Bienenlippe wird als Löffelchen bezeichnet. Mit dem Löffelchen nimmt die Biene kleine Flüssigkeitsmengen wie Tropfen auf (siehe auch „Labium").

Löwenzahnhonig

Ab Mitte April etwa blüht das Voralpenland gelb vor Löwenzahn. Der Löwenzahn ist in der Alpenregion, wo der Schnee häufig bis in den Mai hinein auf den Wiesen liegt, die erste Hauptblüte, die Frühjahrstracht. Anfang Mai wird der Löwenzahnhonig geerntet. Er ist bekannt für seine goldgelbe Farbe und seinen fruchtigen Geschmack. Löwenzahnhonig ist von cremiger oder fester Konsistenz.

M

Made

Die Insektenlarve der Biene hat die Form einer Made. Sie besitzt weder Kopf noch Beine.

Magazinbeute

Die gängigste Form der Beute ist heute das Magazin. Sie ist besonders

vielfältig einsetzbar. Boden, Zargen und Deckel lassen sich je nach Bedarf zusammenstellen. Die Magazinbeute zählt zu den Oberbehandlungsbeuten, das heißt, sie kann vom Imker bequem von oben bedient werden. Die Magazinbeute hat einen weiteren Vorteil: Man kann sie frei aufstellen und benötigt dazu nicht einmal ein Bienenhaus. Früher hat man mehr mit Hinterbehandlungsbeuten gearbeitet.

Malpighische Gefäße

Die malpighischen Gefäße der Bienen sind Exkretionsorgane. Sie entsprechen in etwa unseren Nieren. Hier werden Abbauprodukte und Harnstoff in ungelöster Form abgegeben. Eine Arbeiterin besitzt bis zu 100 malpighische Gefäße.

Mandibel

Der Rüssel der Biene besteht aus den beiden Unterkiefern und der Unterlippe. Darüber sitzen die Mandibeln, die Oberkiefer der Biene.

Mandibeldrüse

Die Mandibeldrüsen sitzen am Kopf der Biene. Alle drei Bienenwesen, Arbeiterin, Drohn und Königin haben diese Oberkieferdrüsen. Bevor die Bienen schlüpfen tritt aus den Mandibeldrüsen ein öliges Sekret aus, das die Wachsdeckel von den Waben löst. Später verwendet die Arbeiterin das Mandibelsekret auch zur Produktion von Bienenwachs. Bei der Königin produziert die Mandibeldrüse die Königinnensubstanz, das Pheromon der Königin.

Manuka

Manukahonig stammt aus Neuseeland. Er hat ein sehr herbes Aroma und duftet intensiv. Da er besonders stark antibakteriell wirkt, wird er gerne als Naturheilmittel bei Mund- und Rachenentzündungen verwendet. Aus Manukahonig wird auch ein Wundgel hergestellt.

Massentracht

Zu den Massentrachten zählen insbesondere Raps und Klee. Sie kommen in großen Flächen vor und bieten für

die Bienen ein besonders reichhaltiges Angebot an Nahrung.

Mauerbiene

Die Mauerbiene ist eine Solitärbiene. Sie baut ihre Nester in die Spalten von Mauern, Fels und Gestein. Manche Mauerbienen bauen sogar im Sand. Ihre Nester bestehen aus einer Reihe hintereinander liegender Waben oder Kammern. Als Baumaterial verwendet die Mauerbiene Blätter, Lehm, Sand oder kleine Steinchen. Jeder Kammer erhält ihren eigenen Nahrungsvorrat an Nektar und Pollen in Form des Bienenbrotes. Dann legt die Mauerbiene in jede Zelle ein Ei. Die Brut der Mauerbienen ist allerdings aufgrund der Bauweise häufig von Parasiten bedroht.

Maxille

Die Maxille ist der Unterkiefer der Biene. Zusammen mit dem Labium, der Unterlippe, bildet sie den Rüssel.

Melittin

Melttin ist ein Bestandteil des Bienengiftes. Es ist ein giftiges Eiweiß, das sich in der Membran der Zelle festsetzt und Kalium freisetzt. Dadurch stirbt die Zelle ab.

Metamorphose

In ihrer Entwicklung zur Imago durchläuft die Biene mehrere Metamorphosen, Verwandlungen also. Sie entwickelt sich vom Ei zur Larve, von der Larve zur geschlechtsreifen, flugfähigen Imago. Dabei können die einzelnen Entwicklungsstadien komplett unterschiedlich aussehen. Bei den Bienen sind die Larven Maden, bei den Schmetterligen Raupen.

Milbe

Die Milbe gehört zu den schädlichen Parasiten, die bei Bienen Erkrankungen auslösen können. Der Imker versucht daher, sein Bienenvolk

ständig genau zu beobachten, um zu erkennen, ob sich Milben oder Einzeller dort einnisten.

Mineralstoffe

Honig enthält nur geringe Spuren von Mineralstoffen. Lediglich Kalium lässt sich in größeren Mengen nachweisen. Honigtauhonig enthält unter den Honigen die meisten Mineralstoffe. Grund für seinen hohen Kaliumgehalt sind seine pflanzlichen Bestandteile.

Mittelwand

Mittelwände werden vom Imker in die Rähmchen eingesetzt. Sie sollen den Bienen eine Grundlage bieten für den Bau neuer Waben. Die dazu verwendeten Mittelwände bestehen aus künstlichem Bienenwachs. Die Bienen sparen dadurch Aufwand und können mit ihren Nahrungsvorräten besser haushalten, werden ihnen bereits vorgefertigte Wabenplatten zur Verfügung gestellt. Außerdem sind die Waben kleiner, so dass nicht ganz so viele Drohnen gezüchtet werden.

N

Nachschaffungszelle

Nachschaffungszellen befinden sich oft mittig auf der Wabenfläche. Bei ihnen handelt es sich um neu geschaffene Brutzellen, die nachträglich zu Weiselzellen umgewandelt wurden. Bis zum dritten Lebenstag der Maden ist eine solche Umwidmung möglich. Nachschaffungszellen werden immer dann geschaffen, wenn eine Königin plötzlich stirbt und das Volk rasch eine neue Bienenkönigin benötigt.

Näpfchen

Am Rande einer Wabe entdeckt der

Imker oft kleine halbrunde Wachsbecherchen. Sie werden von den Arbeiterinnen gebaut und von der Königin bestiftet. Im Anschluss daran werden die Näpfchen dann zu Weiselzellen umgebaut.

Nahrung

Die Nahrung der Bienen besteht zum großen Teil aus Pollen. Pollen enthält besonders viel Eiweiß und bildet daher die ideale Ergänzung zum zuckerhaltigen Nektar oder Honigtau.

Nassanoffdrüse

Im hinteren Teil des Hinterleibes der Biene befindet sich die Nassanoffdrüse, eine Duftdrüse. Hier produziert die Biene in mehr als 500 Duftzellen ein Pheromon, das als Erkennungszeichen des Volkes gilt und zugleich als Markierung von Futterstellen und Wasserstellen fungiert. Dieses Drüsensekret weist auch den Weg zurück zum Bienenstock.

Nektar

Die zuckerhaltige Lösung, die die Blüten der meisten Pflanzen absondern, ist der Nektar. Aus ihm erzeugen die Bienen den Honig.

Nektarien

Die Drüsenzellen, die den Nektar der Pflanzen ausscheiden, sind die Nektarien. Sie liegen meistens in unmittelbarer Nähe der Blüten, können aber auch außerhalb davon angesiedelt sein. Nektarien in den Blattachseln oder Blattstielen beispielsweise nennt man deshalb auch extraflorale Nektarien, die an den Blüten florale Nektarien.

Nelkenöl

Nelenöl wird auf ein Tuch aufgetragen. Das Aroma entfaltet sich nach einiger Zeit, wenn dieses Tuch in einem verschließbarem Glas aufgehoben wird. Das Nelkenöl bewirkt bei den Bienen das gleiche, wie beim Rauch. Die Bienen flüchten in die Honigwaben, nehmen Honig auf und machen sich startklar für eine Flucht. In diesem Zustand sind die Bienen abgelenkt und für den Imker ungefährlich.

Nosemose

Die Nosemose oder Nosematose ist eine Darmerkrankung der Bienen. Verursacher ist ein Sporentierchen im Mitteldarm, das die Biene schwächt und flugunfähig macht. Die Nosemose tritt überwiegend im Frühling auf. Sie wird daher auch Frühjahrs-Schwindsucht genannt.

O

Oberbehandlungsbeute

Alle Beuten, die von oben geöffnet werden können, heißen auch Oberbehandlungsbeute. Die bekannteste unter ihnen ist die Magazinbeute (siehe auch „Magazinbeute"). Sie ist modular aufgebaut und daher besonders flexibel einsetzbar. Oberbehandlungsbeuten werden aus Holz, aber auch aus Kunststoff hergestellt.

Ocellen

Die Punktaugen, diese winzig kleinen Augen auf der Stirn der Biene, werden Ocellen genannt. Bei ihnen handelt es sich um einfach gebaute Sinnesorgane, die besonders gut Licht wahrnehmen können. Das Punktauge, die Ocelle, besteht nur aus einer einzigen Linse mit extrem hoher Lichtstärke. So kann die Biene selbst bei Dunkelheit zum Bienenstock zurückfinden.

Oligosaccharide

Kurze Zuckermolekülketten, die aus drei bis zehn verschiedenen Monosacchariden bestehen, werden auch Oligosaccharide genannte. Die langkettigen Glukosemoleküle hingegen zählen zu den Polysacchariden. Bei ihnen sind mehr als zehn Monosaccharide über Glykogene miteinander verbunden. Neben Glukose enthalten die Saccharide aber auch Fruktose oder Mannose.

Orangenblütenhonig

Zu den beliebtesten Importhonigen zählt der Orangenblütenhonig. Er ist ein sehr milder Honig mit zartem Orangenaroma und –duft. Je nach Alter und Zuckergehalt ist der Orangenblütenhonig von flüssiger oder leicht cremiger Konsistenz. Ein Großteil des bei uns im Handel angebotenen Orangenblütenhonigs stammt aus Spanien, ein weiterer Teil aus Italien.

Orientierungsflug

Die jungen Bienen, die erstmals den Stock verlassen, fliegen zu Orientierungsflügen aus. Zur Orientierung verwendet die Biene vor allem Duftstoffe und Botenstoffe, Pheromone (siehe auch „Pheromone"). Junge Drohnen brechen ebenfalls zu Orientierungsflügen auf. Sie suchen die Drohnensammelplätze auf, die von den Bienenköniginnen besucht werden. Damit die ausgeflogenen Bienen leicht zum Stock zurückfinden, führen die Bienen im Stock vor dem Flugloch einen Sterzeltanz auf, der ihren Duftstoff verbreiten soll. Außerdem prägt sich die Biene die Umgebung vom Stock ein.

P

Parasit

Die Milbe zählt zu den Parasiten, die am häufigsten Bienenkrankheiten verursachen. Besonders gefürchtet unter Imkern ist die Varroa-Milbe. Sie wurde 1977 aus Vorderasien nach Europa importiert. Sie lebt auf der Biene, aber auch direkt auf der Brut. Da sie ihr kontinuierlich Körperflüssigkeit entzieht, wird die Biene zunehmend schwächer. Eine von Parasiten befallene Brut weist häufig eine hohe Anzahl verkrüppelter Bienen auf. Ein Teil der befallenen Puppen sterben auch.

Pheromone

Die Pheromone sind Boten- oder Duftstoffe, mit denen Lebewesen andere anlocken. Man bezeichnet sie daher auch als Sozialhormone. Bienen benutzen Pheromone, um sich untereinander zu erkennen. Sie dienen der Kommunikation, aber auch der Einheit eines Volkes. Pheromone werden aber auch zur Orientierung eingesetzt und dienen ebenfalls zur Koordination des Bienenschwarms.

Phospholipase A

Neben Melittin (siehe auch „Melittin") und Hyaluronidase, Histamin und Alarmpheromonen gehört auch die Phospholipase A zu den Bienengiften. Das Enzym, ein großes Eiweiß, zerstört die Zellwände und löst Allergien aus.

Pleura

Die elastischen Flankenhäute oder Pleuren verbinden die Rückenplatte und die Bauchplatte des Bienen-Hinterleibes miteinander. Da beide aus hartem Chitin bestehen, ist die Pleura die einzige flexible Verbindung zwischen ihnen. Sie erst ermöglicht die hohe Beweglichkeit des Hinterleibs.

Pollen

Samenpflanzen produzieren Blütenstaub zur Fortpflanzung, den Pollen. Die Bienen nutzen den eiweißhaltigen Pollen vor allem als Nahrungsmittel.

Pollenanalyse

Jede Pflanze hat ihren eigenen Pollen, der anders zusammengesetzt und strukturiert ist. Eine Analyse des Pollens gibt daher genauen Aufschluss über die zugehörige Pflanzenfamilie oder Art. Die Pollenanalyse wird aber insbesondere zur Untersuchung von Importhonigen angewendet. Hierbei bestimmt man die Herkunft aber auch die Sortenreinheit anhand der Melissoplaynologie, der Pollenanalyse.

Pollenbalsam

Pollenbalsam oder Pollenkitt sind dafür verantwortlich, dass der Pollen an der Biene haften bleibt und von ihr transportiert werden kann. Er enthält fett- und ölhaltige Substanzen, die klebrig sind. Das Pollenöl oder der Pollenbalsam finden sich auf der Exine (siehe auch „Exine") des Pollens.

Pollenbrot

Als Pollenbrot wird eine Pollenzubereitung der Bienen bezeichnet. Im Bienenstock wird der gesammelte Pollen von ihnen am Rande des Brutnestes gelagert. Die Bienen setzen ihm dabei Sekrete und unreifen Honig zu. Dieser mit Milchsäure versetzte Pollen wird als Pollenbrot bezeichnet.

Pollenfalle

Für die Pollenanalyse werden Pollen auch in einer speziellen Pollenfalle gesammelt. Sie saugt mit einer Vakuumpumpe Luft an. Über eine rotierende Trommel wird der Pollen aus der Luft geschleudert und bleibt auf fettbeschichteten Teststreifen haften. Mit Hilfe dieser Streifen kann er dann

entnommen und unter dem Mikroskop analysiert werden. Die Pollenfallen werden aber nicht nur von Imkern verwendet, sondern dienen auch zur Prognose des Pollenflugs, eine wichtige Information des Wetterdienstes für Allergiker.

Pollenkitt

Pollenbalsam (siehe auch „Pollenbalsam") und Pollenöl ergeben den Pollenkitt, eine klebrige Substanz, die den Pollen am Hinterleib oder den Hinterbeinen der Biene festklebt.

Presshonig

Zu den Presshonigen zählen besonders zähflüssige Honige wie Heidehonig, die nicht durch Schleudern gewonnen werden können. Sie werden daher aus den Waben gepresst.

Propolis

Propolis ist das Kittharz der Bienen (siehe auch „Kittharz"). Für die Herstellung von Propolis wird Baumharz von den Bienen gesammelt und anschließend mit Speichel versetzt. Dann wird noch etwas Wachs hinzugegeben. Mit diesem Kitt dichten die Bienen den Stock ab. Propolis wird in der Naturmedizin aber auch aufgrund seiner reichen Nährstoffe geschätzt. Es gilt als besonders reich an Vitamin A, B3 und E und enthält wertvolle sekundäre Pflanzenwirkstoffe und Spurenelemente. Propolis wirkt antibakteriell und antiviral.

Prostaglandin

Prostaglandine sind für die Auslösung von Allergien, Entzündungen und Schmerzen mit verantwortlich. Die in Honig und in Propolis enthaltenen Flavonoide gehören zu den Prostaglandin-Hemmern. Sie unterbinden also die Bildung von Prostaglandinen.

Punktauge

Die kaum stecknadelgroßen Punktaugen der Biene werden meistens leicht übersehen. Sie sitzen oben auf der Stirn. Manchmal werden sie von den Kopfborsten sogar vollständig verdeckt. Die Punktaugen oder Ocellen (siehe auch „Ocellen") dienen insbesondere der Lichtwahrnehmung. Sie sind ausgesprochen lichtstark und ermöglichen der Biene daher auch bei Dunkelheit zu fliegen.

Puppe

Die Larve wächst so lange, bis sie an die Wände der Brutzelle anstößt. Dann erst spinnt sie sich in ihren Kokon ein. Für die Arbeiterinnen ist dies das Zeichen, die Zelle mit einem Wachsdeckel zu verschließen. Die Larve benötigt nun Ruhe, um sich zu verpuppen. Jetzt findet die Metamorphose (siehe auch „Metamorphose") statt. Die Organe der Larve werden abgebaut, der Aufbau der Imago beginnt. Flügel, Laufbeine und Facettenaugen bilden sich erst jetzt. Während dieser Zeit verharrt die Larve als unbewegliche Puppe in ihrer Zelle.

Putzbiene

Als Putzbienen werden vor allem junge Bienen eingesetzt. Sie können noch nicht als Ammen- oder Pflegebienen arbeiten, weil sie noch nicht ausreichend Futtersaft produzieren. Die jungen Bienen wärmen daher das Nest und reinigen es.

Q

Quaken

Sobald eine neue Königin in den Weiselzellen schlupfreif ist, beginnt die alte Königin, mit ihr zu kommunizieren. Dazu erzeugt sie mit ihren Flügeln einen hellen Ton, das Quaken oder Tüten. Die schlupfreife Weise antwortet darauf ebenfalls mit einem Ton. Da der Ton in der Zelle verzerrt wird, hört sich das Ganze für den Imker wie ein Quaken an. Für die alte Königin ist dieses Geräusch das Signal, den Stock zu verlassen und auszuschwärmen.

Qualität

Die Honigqualität wird anhand unterschiedlicher Parameter gemessen. So bestimmt man neben der Säure auch den Enzymgehalt und die Menge an HMF, Hydroxymethylfurfural und Wasser.

Qualitätskontrolle

Die Qualitätskontrolle von Honig wird auf Grund chemischer, biochemischer und physikalischer Parameter vorgenommen. Weitere wichtige Kriterien sind aber auch Geruch und Geschmack. Die Sortenreinheit wird über eine Pollenanalyse bestimmt.

R

Rähmchen

Die Waben sind in Rähmchen oder Rahmen untergebracht. Sie sind einzeln herausnehmbar. Als Leerrahmen oder Baurahmen werden sie in die Magazinbeute eingehängt und mit einer Mittelwand versehen. Die Rahmen erst ermöglichen das Schleudern des Honigs.

Rapshonig

Raps gehört zu den Massentrachten. Rapshonig gehört daher zu den Honigen, die in Deutschland neben Kleehonig am häufigsten produziert werden. Er ist mild und wegen seines leicht süßlichen Aromas besonders beliebt. Rapshonig ist cremig und hat eine helle, fast weiße Farbe.

Rauchgeschmack

Ein Rauchgeschmack beim Honig ist ein Fremdgeschmack. Er wird auch als Fehlgeschmack bezeichnet. Er weist auf Fehler bei der Honigernte hin. Während der Honigernte sollte der Imker weder die Imkerpfeife noch den Smoker benutzen. Der Honig nimmt sonst den Rauchgeschmack an und lässt sich nicht mehr verwenden.

Reinigungsflug

Nach dem Winter unternehmen die Bienen einen Reinigungsflug. So nennt man ihren ersten Ausflug nach dem Winter, mit der die Winterruhe beendet wird. Die Biene reinigt sich dabei. Sie entleert auch ihren Darm.

Revierverhalten

Solitärbienen zeigen ein ausgesprochenes Revierverhalten. Bei den Wollbienen zum Beispiel vertreibt die männliche Biene sogar andere Bienen von der Tracht. Zur Abwehr werden spezielle Dornen am Hinterleib eingesetzt.

Robinienhonig

Die korrekte Bezeichnung für Akazienhonig aus Deutschland ist Robinienhonig. Hier kommt nämlich nur die Scheinakazie, die Robinie, vor. Echter Akazienhonig stammt zumeist aus Südeuropa oder Südosteuropa. Er ist sehr mild und eher flüssig.

Rüssel

Die Rüssel der drei Bienenwesen sind höchst unterschiedlich. So ist der Rüssel der Königin ausgesprochen kurz. Sie wird ihr Leben lang gefüttert und muss nicht selbst Futter suchen. Die Drohnen können selbständig Nektar aufnehmen. Ihr Rüssel ist länger. Den längsten Rüssel aber haben die Arbeiterinnen. Ihr Rüssel ist ein Multifunktionswerkzeug, mit dem sie Nahrung aufnehmen und abgeben, Waben bauen und reinigen.

Ruhr

Ungeeignetes Futter, Feuchtigkeit und andere Erkrankungen führen bei der Biene zu Durchfall, auch Ruhr genannt. Die Bienenruhr ist allerdings nicht ansteckend, da sie nicht durch ein Virus verursacht wird.

Rundmade

In den ersten Tagen nach dem Schlüpfen aus dem Ei hat die Bienenlarve die Form einer Rundmade. Sie liegt gekrümmt in der Brutzelle. Erst sechsten Tag streckt sich die Larve und wird zur Streckmade.

Rundtanz

Durch den Rundtanz löst die Biene Alarm aus. Dazu bewegt sie sich abwechselnd rechts und links herum im Kreis. Der Rundtanz kann aber auch auf eine Trachtquelle aufmerksam machen. Dann jedoch findet er in ihrer unmittelbaren Nähe statt, maximal in einer Entfernung von 150 Metern.

S

Säuregehalt

Der Säuregehalt eines Honigs gibt Auskunft über seine Qualität. Von Natur aus ist der Honig säurearm. Er enthält lediglich etwas organische Säure. Die Honigverordnung schreibt vor, dass ein Honig maximal 50 Milliäquivalente Säuregehalt pro Kilogramm Honig enthalten darf. Zur Bestimmung des Säuregehalts misst man den pH-Wert des Honigs. Er liegt bei allen Honigen unterhalb des Wertes 7. Je niedriger der Wert, umso höher der Säuregehalt. Blütenhonige weisen einen pH-Wert von 3,2 bis 4,5 auf, während Honigtauhonige einen pH-Wert von 4 bis 5,4 haben. Sie enthalten also etwas weniger Säure. Die Bestimmung des Säuregehalts kann der Imker mit einem speziellen pH-Meter selbst durchführen oder aber im Labor vornehmen lassen.

Sammelbiene

Die Sammelbienen unter den Arbeiterinnen sind für die Nahrung verantwortlich. Sie sammeln Pollen, Nektar und Honigtau und versorgen das Bienenvolk auch mit Wasser. Die Sammelbienen sind bereits erfahrene Bienen. Erst in der zweiten Lebenshälfte wird die Arbeiterin im Stock zur Sammelbiene.

Sandbiene

Die Erdbiene oder Sandbiene zählt zu den Solitärbienen. Sie baut ihre Nester in die Erde.

Scherenbiene

Eine besonders kleine Bienenart ist die Scherenbiene. Sie wird nur wenige Millimeter groß. Die Scherenbiene ist damit nicht viel größer als der Rüssel der Honigbiene lang ist. Dadurch hat sie aber auch einen Vorteil: Sie kann kleine Blüten besuchen, die für größere Bienen zu eng sind. Damit bewegt sie sich in einer Nische. Die Scherenbiene besucht insbesondere Glockenblumen und Hahnenfuß. Sie sammelt also nur auf wenigen Blüten.

Schleuderhonig

In Deutschland werden vorwiegend Schleuderhonige hergestellt. Dazu befreit der Imker die Waben von den Wachsdeckeln, stellt sie in eine Zentrifuge und schleudert den Honig erst auf der einen, dann auf der anderen Seite heraus. Danach siebt er den Honig und rührt ihn vorsichtig um, damit sich die Kristalle gleichmäßig verteilen.

Schwänzeltanz

Die Tanzsprache der Bienen ist äußerst komplex. Neben dem Rundtanz und dem Zittertanz verwendet die Biene den Schwänzeltanz. Mit ihm informiert sie die anderen Bienen über eine neue Tracht. Sie teilt im Tanz nicht nur die genaue Lage und die Entfernung mit, sondern gibt auch Auskunft über die Menge und die Qualität der gefundenen Futterstelle. Dazu bewegt sich die Biene in Form von Halbkreisen fort. In der Verbindung zwischen den Halbkreisen bewegt sie ihren Hinterleib von rechts nach links, sie schwänzelt.

Schwärmen

Bemerkt die alte Königin, dass die neue Königin bald schlüpft, so bildet sie mit einem Teil des Volkes einen neuen Schwarm und schwärmt aus. Zur Orientierung sammelt sich der Schwarm erst einmal in der Nähe des alten Bienenstocks. Spurbienen, das sind die Scouts unter den Bienen, werden losgeschickt, um nach einer neuen Unterkunft Ausschau zu halten. Der Schwarm fliegt dann dorthin und verliert damit jeglichen Kontakt zu seinem alten Bienenstock. Das Schwärmen dient also der Teilung des Bienenvolks und damit seiner Vermehrung.

Schwarmzeit

Die Teilung der Bienenvölker geschieht meist im Sommer, also in der Zeit, wenn das Bienenvolk am größten ist. Meistens schwärmen die Bienen von Mai bis Juni, manchmal hinein bis in den Juli. Selten kommt es vor, dass die Bienen mehr als einmal im Jahr schwärmen.

Sekret

Die Honigbiene hat mehr als ein Dutzend Drüsen, die Sekrete abgeben. Es gibt Drüsen, die ihr Sekret ins Körperinnere absondern, die endokrinen Drüsen (siehe auch „endokrine Drüse") und solche, die ihr Sekret nach außen abgeben. Das sind die exokrinen Drüsen (siehe auch „exokrine Drüse"). Man unterscheidet Speicheldrüsen bei der Biene, Futtersaftdrüsen, Mandibeldrüsen, Wachsdrüsen, Duftdrüsen und Giftdrüsen.

Sinne

Die Honigbiene hat fünf Sinne. Sie schmeckt, riecht, sieht, fühlt und spürt Vibrationen. Ein eigentliches Gehör hat sie nicht. Sie verfügt damit nur über ein sehr eingeschränktes Hörvermögen. Auch ihr Sehvermögen ist begrenzt. Sie nimmt zwar Bewegungen und Licht deutlich wahr, ihr räumliches Sehvermögen ist allerdings sehr eingeschränkt. Details sieht sie nur aus unmittelbarer Nähe. Sehr sensibel ist die Honigbiene jedoch, was Gerüche und Düfte anbelangt. Sie verfügt über ein ausgesprochen gutes Duftgedächtnis. Das Tastorgan der Biene sind ihre Fühler. Hier sitzen besonders viele Nervenzellen.

Smoker

Der Smoker ist ein kleines Gerät, das Rauch erzeugt. Im Gegensatz zur Dathepfeife verteilt sich der Rauch nicht mit dem Atem des Imkers, sondern wird über einen Blasebalg in den Raum geblasen. Der Smoker hat die traditionelle Imkerpfeife längst abgelöst.

Solitärbienen

Solitärbienen sind Bienen, die nicht als Volk, sondern allein leben. Dazu zählen die Blattschneiderbienen, die Mauerbienen und Sandbienen, die Wespenbienen und die Wollbienen.

Sommerbiene

Sommerbienen leben deutlich kürzer als Winterbienen. Während die Sommerbienen im Durchschnitt zwei Monate alt werden, erreichen die Winterbienen ein Alter von sieben bis acht Monaten.

Sommerhonig

Honig, der in den Sommermonaten geerntet wurde, wird oft als Sommerhonig bezeichnet. Sommerhonig ist daher überwiegend Blütenhonig von Wald- und Wiesenpflanzen, die im Juni oder Juli blühen. Er ist meist mild und hat ein zartes Aroma. Ist der Sommer besonders heiß, wird mehr Honigtauhonig produziert. Er ist im Geschmack kräftiger und auch von einer dunkleren Farbe.

Sortenhonig

Der Begriff Sortenhonig ist genau festgelegt. Als Sortenhonige dürfen laut Honigverordnung alle Honige bezeichnet werden, die vollständig oder überwiegend aus einer Quelle stammen. Anhand der Pollen, der Farbe, der Konsistenz des Honigs, seinem Zuckergehalt und dem Geruch kann der Experte nachweisen, ob es sich tatsächlich um einen Sortenhonig handelt. Zu den Sortenhonigen zählen Akazien- und Heidehonig, Kastanienhonig, Klee-, Linden- und Rapshonig, Tannenhonig und Waldhonig.

Sortentypisch

Im Geschmack muss der Sortenhonig sortentypisch sein, das heißt er darf weder Fremdgerüche noch einen Fremdgeschmack aufweisen. Rauch- oder Gärgeschmack gelten als Fehlgeschmack, ebenso unerwünscht ist ein untypischer Säuregehalt.

Sozialer Futteraustausch

Die Trophallaxis, der soziale Futteraustausch unter den Honigbienen, hat mehrere Funktionen. Zum einen stellt er sicher, dass allen Bienen im Stock die gleiche Menge an Futtervorrat zur Verfügung steht. Zugleich dient der soziale Futteraustausch der Kommunikation untereinander. Durch die Weitergabe des Futters erfährt die Biene Details zu den Besonderheiten der Tracht, ihrem Zuckergehalt, ihrem Geruch. Außerdem werden bei der Trophallaxis Pheromone ausgetauscht, die die Zugehörigkeit zum Volk signalisieren und für Harmonie und Einheit sorgen.

Speicheldrüse

Die Biene besitzt zwei Speicheldrüsen, die Kopfspeicheldrüse und die Brustspeicheldrüse. Das Sekret der Kopfspeicheldrüse ist ölig, das der Brustspeicheldrüse eher wässrig. Die Speicheldrüsen haben die Aufgabe, feste Nahrung so aufzubereiten, dass sie von der Biene verarbeitet werden kann. Dazu werden Enzyme, also Verdauungssäfte zugefügt. Sie schließen die Nahrungsbestandteile auf und machen sie für den Körper verfügbar. Der Speichel wird auch dazu verwendet, Honig und Honigtau anzufeuchten, um ihn zu lösen oder zu reinigen.

Spurbiene

Der Wegweiser unter den Flugbienen ist die Spurbiene. Sie ist mit der Aufgabe befasst, neue Trachten ausfindig zu machen oder für den Schwarm eine neue Behausung zu finden. Als Spurbienen arbeiten nur ältere, erfahrene Bienen. Sind die Spurbienen fündig geworden, kehren sie zurück und führen einen Tanz auf. Haben mehrere

Spurbienen unterschiedliche Futterstellen gefunden, so entscheidet die Intensität des Tanzes darüber, welche davon ausgewählt wird. Die Spurbiene ist der Scout unter den Bienen.

Stachel

Der Giftstachel der Biene gilt nur zu ihrer eigenen Verteidigung. Da der Giftstachel eine Weiterentwicklung des Eiablagestachels ist, verfügen nur weibliche Bienen über ihn. Drohnen haben keinen Stachel. Die Bienen verwenden den Stachel, um ihre Beute zu lähmen. Nur so können sie sie transportieren oder verspeisen. Da die Bienen aber fast ausschließlich Vegetarierinnen sind, kommt der Stachel nur dann zum Einsatz, wenn sie sich verteidigen müssen.

Sternit

Die Bauchplatte oder auch Brustbereich der Biene wird auch als Sternit bezeichnet.

Sterzeldrüse

Die Sterzeldrüse oder Nassanoffsche Drüse (siehe auch „Nassanoffsche Drüse") gibt die Pheromone ab, anhand derer sich die Arbeiterinnen im Stock orientieren. Nach Orientierungsflügen oder bei der Suche nach einer neuen Behausung machen die Bienen einen Sterzeltanz. Dazu heben sie den Hinterleib an und wedeln mit den Flügeln, um den Duft aus der Sterzeldrüse zu verteilen. Er gilt als Wiedererkennung und wird auch dazu benutzt, um neue Trachten zu kennzeichnen oder die Behausung zu markieren.

Stich

Bei manchen Menschen führt der Stich einer Biene zu Schwellungen oder sogar zu Schockreaktionen. Ursache dafür ist eine Allergie gegen Bienengift. In der Regel jedoch ist der Bienenstich zwar schmerzhaft, aber ungefährlich. Die Giftmenge ist viel zu gering als dass sie einen Menschen schädigen könnte.

Stigmen

Die Atemöffnungen der Tracheen sind die so genannten Stigmen. Von hier aus wird die Luft in Luftsäcke weitergeleitet. Von dort wird sie dann über feinste Luftröhrchen, den Tracheolen, ins Körperinnere geführt. Auf diese Weise wird die Biene mit Sauerstoff versorgt. Über die Stigmen gelangt auch überflüssiges Kohlendioxid wieder nach außen.

Stockbiene

Als Stockbienen werden alle Bienen bezeichnet, die ihre Arbeit im Bienenstock verrichten. Dazu zählen die Wächterinnen, die Baubienen, die Ammenbienen und die Putzbienen ebenso wie die Honigmacherinnen. Die Honigmacherinnen übernehmen von den Sammlerinnen den Ertrag an Pollen, Nektar und Honigtau und verarbeiten ihn weiter.

Stockkarte

Zur Kontrolle des Bienenvolkes ist eine Stockkarte hilfreich. Als solche bezeichnet man jegliche Aufzeichnungen des Imkers über den Zustand des Bienenvolkes, seine Veränderungen, Krankheiten und Besonderheiten. In der Regel führt der Imker für jedes Bienenvolk eine eigene Stockkarte.

Stockmeißel

Zum Werkzeug eines Imkers gehört auch ein Stockmeißel. Mit ihm lassen sich fest sitzende oder klemmende Rähmchen lösen. Nicht selten haben die Bienen die Rahmen mit ihrem Kitt so fest verankert, dass der Imker sie ohne Hilfsmittel nicht lösen kann. Mit dem Stockmeißel lassen sie sich jedoch meist ganz leicht ausheben. Auf der Rückseite des Stockmeißels befindet sich übrigens eine scharfe Klinge. Sie lässt sich hervorragend dazu einsetzen, um Wachs abzukratzen oder Propolis abzuschaben.

Streckmade

In den ersten Tagen schwimmt die Larve gekrümmt in ihrer Brutzelle. Mit ihrem Wachstum streckt sie sich zunehmend. Arbeitsbienen erreichen das Stadium einer Streckmade in der Regel am sechsten Tag.

Strickleiternervensystem

Das Nervensystem der Biene ist wie eine Strickleiter aufgebaut. Die Nerven laufen in Paaren an der Bauchseite entlang. Kleine Nervenknoten sind der Ausgangspunkt für die Weiterleitung über Nervenstränge in den Körper. Sie sind so regelmäßig angeordnet, dass man auch von einem Strickleiternervensystem spricht.

T

Taillenwespen

Bienen sind eine Gruppe der Taillenwespen. Als solche werden Insekten mit einer zweiteiligen Einschnürung des Körpers bezeichnet. Diese Einschneidungen untergliedern den

Körper ganz deutlich in Kopf, Thorax und Abdomen. Durch diese typische Wespentaille wird der Körper der Biene extrem flexibel und beweglich.

Tannenhonig

Der Tannenhonig gehört wie alle Waldhonige zu den Honigen, die aus Honigtau hergestellt werden. Der Honig unterscheidet sich daher nicht nur in der Konsistenz, sondern auch im Geschmack von Blütenhonigen. Er ist kräftig und herb und von einer ausgesprochen dunklen Farbe. Ein besonders seltener Tannenhonig ist der Weißtannenhonig.

Tanzsprache

Die Kommunikation der Bienen läuft über Pheromone, Duftstoffe, und die Tanzsprache. Rundtanz, Schwänzeltanz und Zittertanz übermitteln unterschiedliche Informationen. So werden neue Trachtquellen kommuniziert, aber auch detailliert Lage, Entfernung, Quantität und Qualität beschrieben. Die Schwarmbienen teilen den anderen in Tanzform mit, wo sich eine Möglichkeit für eine neue Behausung findet. Für Außenstehende wirkt der Tanz oft unstrukturiert. In Wirklichkeit handelt es sich bei der Tanzsprache jedoch um ein höchst komplexes, elaboriertes Kommunikationssystem.

Tergit

Die Rückenplatte des Bienenhinterleibs wird Tergit genannt. Mit der Bauchplatte (siehe auch „Sternit") ist sie über elastische Häute verbunden.

Tergittaschendrüse

Zwischen den Rückenschuppen, den Tergiten, sitzen bei der Bienenkönigin die Tergittaschendrüsen. Sie sondern ein ganz besonderes Se-

kret ab, den Königinnenduft, der die Drohnen anlockt. Zusammen mit der Königinnensubstanz (siehe auch „Königinnensubstanz") gilt der Königinnenduft als Indikator dafür, dass das Bienenvolk eine lebende Königin hat.

Thixotropie

Manche zähflüssigen Massen werden beim Rühren schlagartig flüssig. Verantwortlich sind die so genannten Scherkräfte, die die Struktur einer Masse plötzlich verändern. Gele oder zähflüssige Massen, bei denen dieser Effekt auftritt, unterliegen den Gesetzen der Thixotropie. Der Heidehonig ist ein Beispiel dafür. Noch in der Wabe muss er gestippt werden, damit er sich verflüssigt.

Thorax

Im Thorax, also in der Brust der Honigbiene befindet sich der Muskelapparat. Die meisten Muskeln werden für das Fliegen benötigt, die übrigen für das Atmungssystem. Im Thorax sind aber auch Schlagader und Darm sowie unzählige Nervenstränge angesiedelt. Die Brust bildet also sozusagen das Zentrum des Bienenkörpers.

Tracheen

Das Atmungssystem der Biene funktioniert über Tracheen, das ist ein dichtes Röhrennetz, über das der Körper mit Sauerstoff versorgt wird. Über die Atemöffnungen (siehe auch „Stigmen") geschieht der Luftaustausch.

Tracheenmilbe

Die Atemöffnung der Bienen wird leider auch von Parasiten als Eingang benutzt. So gibt es eine bestimmte Milbe, die Tracheenmilbe, die sich genau dort ansiedelt. Sie hinterlässt ihren Speichel in den Tracheen. Die Folge: eine Blutvergiftung bei der

Biene. Der Speichel der Milbe ist nämlich giftig. Der Imker erkennt die Krankheit daran, dass die Bienen zunehmend schwächer werden und nicht mehr fliegen können.

Tracht

Die Gesamtheit der Nahrungsquellen, also Pollen, Nektar und Honigtau werden als Tracht bezeichnet. Eine reiche Tracht bedeutet auch eine große Honigernte. Große Flächen an Blühpflanzen bezeichnet man daher auch als Massentracht, kleine, spärliche als Läppertracht. Bei der Honigproduktion spricht man auch von Frühtracht, Sommertracht und Spättracht, unterscheidet also nach Erntezeitpunkt.

Trachtbiene

Sammelbienen werden auch als Trachtbienen bezeichnet. Dabei handelt es sich um erfahrene Bienen, die für die Nahrungsversorgung des Bienenstocks zuständig sind.

Trachtflug

Die Bienen unter den Sammelbienen, die eine neue Tracht ausfindig gemacht haben, teilen dies den anderen mit. Dies geschieht durch ihren Tanz und die Abgabe bestimmter Duftstoffe. Auf diese Weise können die anderen Trachtbienen auf dem ersten Flug zu der neuen Tracht, dem Trachtflug, diese Informationen zur Orientierung nutzen. Der Duft wird dann im Duftgedächtnis der Biene gespeichert und kann jederzeit wieder abgerufen werden. Eine einmal besuchte Tracht findet die Biene daher immer wieder.

Trachtpflanze

Klee und Raps sind die häufigsten Trachtpflanzen. Zu den Trachtpflanzen gehören aber generell auch alle

Pflanzen, die von den Bienen zum Sammeln von Pollen, Nektar und Honigtau besucht werden.

Traubenzucker

Der größte Anteil im Honig besteht aus Zucker und zwar aus Fruktose (Fruchtzucker) und Glukose (Traubenzucker). Blütenhonige enthalten am meisten Traubenzucker. Sie kristallisieren daher auch schon früh aus. Beträgt der Glukosegehalt im Honig etwa ein Drittel so kommt es zur Kristallisation. Der Honig wird cremig und fest. Honigtauhonige wie die Waldhonige enthalten kaum Traubenzucker. Sie sind daher fast immer flüssig.

Trehalose

Trehalose ist ein Zucker mit zwei Glukosemolekülen. Sie ist der Glukose in unserem Blut, dem Blutzucker, ähnlich. Trehalose kommt auch in der Haemolymphe der Bienen vor.

Trisaccharide

Trisaccharide oder Dreifachzucker setzen sich aus unterschiedlichen Einfachzuckern zusammen. Doch in der Natur kommen Dreifachzucker so gut wie nie vor. Lediglich im Honigtau kann man gleich drei verschiedene Trisaccharide nachweisen. Sie stammen wahrscheinlich von den Blattläusen oder aber von Bakterien.

Trophallaxis

Der soziale Futteraustausch (siehe auch „sozialer Futteraustausch") oder Trophallaxis ist mehr als der Austausch von Nahrung untereinander. Bei der Übergabe von Pollen und Nektar übermitteln die Bienen auch Information über die Güte, den Geruch und den Geschmack der Tracht. Gleichzeitig wird mit der Trophalla-

xis die Königinnensubstanz verteilt, das Pheromon, das die Zuständigkeit zum Bienenstock signalisiert.

Tüten

Das Tüten oder Quaken (siehe auch „Quaken") bezeichnet ein Geräusch, das die Königinnen machen. Kurz vor dem Schlüpfen der neuen Königin beginnt die alte Königin, mit der jungen zu kommunizieren. Sie presst Luft zusammen und flattert mit den Flügeln und erzeugt somit einen hellen Ton, das Tüten. Die andere Königin antwortet. Durch die Verzerrung des Tons im Stock entsteht dabei das von Imkern so bezeichnete Quaken. Dies ist das Signal für die alte Königin, den Stock mit ihrem Schwarm zu verlassen.

U

Umlarven

Zur Zucht von Bienenköniginnen setzt der Imker junge Larven aus den Brutlarven um in künstliche Weiselzellen oder Weiselnäpfchen. Die Ammenbienen ernähren die Larven daraufhin wie die Königinnen. Da das Erbgut der Larven identisch ist, entscheidet allein ihre Lage in Brut- oder Weiselzelle darüber, wie sie von den Arbeiterinnen aufgezogen wird. Auf diese Weise lassen sich beliebig viele Königinnen heranziehen.

Umweiseln

Tauscht der Imker die Königin aus, so nennt man das Umweiseln. Wird dieser Austausch vom Bienenvolk selbst vorgenommen, spricht man von einer stillen Umweiselung.

V

Varroa-Milbe

Die Varroa-Milbe stammt aus Asien. 1977 wurde sie nach Europa eingeschleppt. Die von der Varroa-Milbe verursachte Krankheit, die Varroose, zählt zu den typischen Brutkrankheiten bei Bienen. Die Milbe saugt dabei die Körperflüssigkeit aus der Biene heraus und nimmt ihr damit wichtige Nährstoffe. Die Folge: eine hohe Anzahl verkrüppelter Bienen und toter Larven.

Varroose

Ist ein Bienenvolk von der Varroa-Milbe befallen, spricht man von der Varroose. Der Imker bekämpft sie, indem er die Drohnen aus dem Bienenvolk entfernt. Ihre Brut ist besonders stark von der Varroa-Milbe befallen. Zur Bekämpfung der Varroose ist seit einigen Jahren aber auch die Verwendung von Ameisensäure zugelassen. Die Behandlung mit Ameisensäure sollte allerdings erst nach der letzten Honigernte erfolgen. Dann bedampft man den Bienenstock im Abstand von etwa einer Woche zwei Mal mit der Säure, die die Milben abtötet.

Ventiltrichter

Der Ventiltrichter ist Teil der Honigblase. Er gibt gefilterte Flüssigkeit an den Mitteldarm weiter, wo die Verdauung stattfindet. Der Ventiltrichter stellt aber auch die flüssigen Portionen bereit, die die Bienen im sozialen Futteraustausch miteinander austauschen.

Verdauungstrakt

Der Verdauungstrakt der Honigbiene besteht aus Vorderdarm, Mitteldarm und Enddarm. Hier wird die aufgenommene Nahrung zuerst aufgeschlossen, also für den Körper zugänglich gemacht, und dann absorbiert. Die Honigblase spielt dabei eine besondere Rolle. Sie ist beim Vorderdarm angesiedelt. In ihr transportiert die Biene Flüssigkeiten wie Wasser, Nektar oder Honigtau. Ein Druck auf die Honigblase ermöglicht die Weitergabe des Inhalts an andere Bienen.

Verhalten

Zum typischen Verhalten eines Bienenvolks zählt der soziale Futteraustausch (siehe auch „sozialer Futteraustausch" und „Trophallaxis"), aber

auch der Austausch von Pheromonen. Durch Pheromone markieren die Bienen unerwünschte Angreifer, aber auch die Tracht und den Stock. Alarmpheromone werden im Verteidigungsfall abgegeben und führen zu einer erhöhten Angriffslust unter den Bienen.

Vermehrung

Wenn die Größe des Volkes ihren Höhepunkt erreicht und Massentrachten für ausreichend Nahrung sorgen, ist die Zeit zur Vermehrung gekommen. In den Monaten Mai und Juni oder Juli wachsen die neuen Königinnen heran. Die alten Königinnen verlassen mit ihrem Schwarm den Stock. Das Bienenvolk teilt sich und vermehrt sich.

Vitamine

Im Honig sind wenige Vitamine enthalten. Lediglich Vitamin B1, B2, B6, C und K lassen sich hier nachweisen. Darüber hinaus enthält Honig auch

Niacin und Pantothensäure, ein Vitamin aus dem B-Komplex, das für den Stoffwechsel wichtig ist.

Völkerführung

Zur Völkerführung muss der Imker sein Bienenvolk nicht nur regelmäßig beobachten und kontrollieren, sondern auch seine Größe durch die Bildung von Ablegern und Kunstschwärmen gegebenenfalls verringern und den Stock im Spätsommer winterfest machen. Der Schutz des Bienenstocks vor Beute gehört ebenfalls zu den wichtigen Aufgaben eines Imkers.

Volk

Ein Honigbienenvolk besteht in der Regel aus bis zu 40.000 Bienen, darunter fast ausschließlich weibliche Bienen. Lediglich in den Sommermonaten werden Drohnen herangezogen. Das Bienenvolk oder Bien bildet eine Einheit. Manche vergleichen es mit einem lebenden Organismus. Jedes Rädchen greift ins andere. Die Arbeitsteilung unter den Bienen sorgt dafür, dass alle Aufgaben ausgeführt werden: so zum Beispiel die Pflege der Brut, das Sammeln von Nahrung, die Weiterverarbeitung zu Honig und die Anlage von Nahrungsvorräten. Wichtigstes Instrument dafür ist eine funktionierende Kommunikation.

W

Wabe

Die Waben bilden das Skelett des Bienennestes. Die regelmäßig angeordneten sechseckigen Zellen aus Bienenwachs dienen als Brutzellen. Ein Teil von ihnen wird aber auch als Lager für die Nahrungsvorräte genutzt. Das sind die Honigwaben. Der Imker entnimmt sie bei der Honigernte.

Wabengasse

Der Abstand zwischen den Waben wird als Wabengasse bezeichnet. Von Wabenmitte zu Wabenmitte beträgt der Abstand exakt 35 Millimeter. Er ist so groß, dass zwei Bienen bequem aneinander vorbeikommen. Ist der Abstand größer, wird er von den Bienen zugleich zugebaut. Auch Wildwaben wie Bienenkörbe haben diesen natürlichen Abstand.

Wachsdrüse

Arbeiterinnen haben acht Wachsdrüsen an ihrem Hinterleib. Diese sind aktiv, wenn die Arbeitsbienen als Baubienen eingesetzt werden. Dann produzieren sie kleine Wachsplättchen, mit denen die Biene Waben baut, kittet und repariert.

Wachsplättchen

Das Bienenwachs, die Wachsplättchen, wird in den Wachsdrüsen der Arbeiterinnen produziert. Es ist ein Gemisch aus Alkoholverbindungen und Säuren. Ausgeschieden wird es in Form kleiner Plättchen, die unter Zugabe von Eiweiß aus dem Speichel geschmeidig gemacht werden. Jedes einzelne Wachsplättchen hat ein Gewicht von etwa 0,0008 Gramm. Für die Herstellung von einem Kilogramm Bienenwachs werden 150.000 Bienen benötigt.

Wächterbiene

Zwischen dem 18. und dem 21. Tag ihres Lebens übernimmt die Arbeitsbiene die Aufgabe als Wächterbiene. Nun ist der richtige Zeitpunkt gekommen und ihre Giftblase ist prall gefüllt. Die Wächterin hält sich unmittelbar in der Nähe des Fluglochs auf und kontrolliert jeden, der in den Stock will. Nähert sich ein fremdes Insekt oder ein Eindringling, richtet sich die Wächterbiene auf und bedroht ihn mit ihrem Stachel. Im Notfall ruft sie auch andere Bienen zu Hilfe. Dazu sondert sie Alarmpheromone ab.

Waldhonig

Waldhonig stammt nicht von Blütenpflanzen, sondern von dem Honigtau der Nadelbäume, also von tierischen Ausscheidungen. Er enthält weniger Traubenzucker und ist daher zumeist von flüssiger Konsistenz. Er ist auch dunkler gefärbt und kräftiger im Geschmack.

Wanderimkerei

Die Wanderimkerei gewinnt mit der Funktion des Imkers als Bestäubungsimker neue Bedeutung. Die industrialisierte Landwirtschaft mit ihren großen Flächen an Monokulturen ist auf die Imker als Bestäuber mittlerweile angewiesen. In manchen Ländern gibt es bereits eine spezielle Ausbildung als Bestäubungsimker. Leider nutzen viel zu wenig Bauern diese Möglichkeit der deutlichen Ertragssteigerung.

Wassergehalt

Der Wassergehalt eines Honigs gilt als Qualitätsmerkmal. Enthält der Honig zu viel Wasser, ist er höchstwahrscheinlich zu früh geerntet worden. Die Honigverordnung sieht daher vor, dass der Wassergehalt des Honigs maximal 18 Prozent beziehungsweise 20 Prozent nicht überschreiten darf. Ausgenommen davon ist Heidehonig.

Wehrstachel

Der Stachel der Biene (siehe auch „Stachel") wird auch als Wehrstachel bezeichnet. Seine hauptsächliche Aufgabe ist es, die Beute zu lähmen. Nur im Notfall wird der Wehrstachel zur Verteidigung eingesetzt.

Weisel

Die Weisel ist die Bienenkönigin des Volkes. Sie ist als einzige der Bienen geschlechtsreif. Aus ihren Eiern entstehen die neuen Arbeiterinnen und Königinnen des Biens. Damit die Weisel in der Weitergabe ihres Erbgutes nicht mit anderen Bienen konkurrieren muss, sondert sie die Königinnensubstanz ab. Das ist ein Pheromon, das die Entwicklung der Geschlechtsorgane bei den anderen Bienen unterbindet. Gleichzeitig ist es das Erkennungszeichen des Bienenvolkes.

Weiselfuttersaft

Der Weiselfuttersaft oder Gelée royale (siehe auch „Gelée royale) gilt als wertvollste Nahrungsquelle der Bienen. Die jungen Arbeiterinnen bereiten den Saft aus ihrem Kopfspeicheldrüsensekret zu. Dieses wird mit der Flüssigkeit aus den Mandibeldrüsen versetzt und dann an die Königinnenlarven verfüttert. Sie werden ausschließlich zeit ihres Lebens mit dem Weiselfuttersaft ernährt. Die anderen Larven erhalten die hochwertige Nahrung nur für wenige Tage.

Weiselprobe

Ist der Imker nicht sicher, ob das Bienenvolk eine Königin hat, so kann er die Weiselprobe machen. Dazu setzt er eine Wabe aus einem anderen Volk in das Bienenvolk. Nach einer Woche überprüft er dann, ob sich diese Larven normal entwickeln oder ob die Bienen auf der Wabe Nachschaffungszellen angelegt haben. Ist das der Fall, fehlt dem Bienenvolk die Königin.

Weiselrichtigkeit

Ein Bienenvolk mit einer Königin ist ruhig und harmonisch. Es geht gewissenhaft seinen Aufgaben nach. Der Imker spricht von einem weiselrichtigen Volk. Fehlt die Königin, ist das Volk zumeist unruhig. Der Imker muss dann dafür sorgen, dass es baldmöglichst eine neue Weisel bekommt.

Weiselzelle

Als Weiselzelle wird die Zelle bezeichnet, in der eine Bienenkönigin gezüchtet wird. Die Zelle ist größer als die anderen und wird deshalb häufig auch am Rand einer Wabe angelegt. Typischerweise hat die Weiselzelle anders als die anderen Zellen eine Öffnung nach unten. Die Weiselzelle wird auch Schwarmzelle genannt, da sie eine junge Königin heranzieht, die die alte verdrängen wird. Ist die junge Bienenkönigin reif zum Schlüpfen, verlässt die alte Königin mit einem Teil des Bienenvolkes, dem Schwarm, den Bienenstock. Der Schwarm gründet dann an anderer Stelle einen neuen Bien.

Wildbienen

Der Begriff der Wildbiene wird höchst unterschiedlich verwendet. In der Regel bezeichnet man damit eine Solitärbiene.

Wildblütenhonig

Sammelt die Biene Nektar und Pollen nicht von Kulturpflanzen, sondern von Wildblumen, darf sich der Honig daraus Wildblütenhonig nennen. Wildblütenhonig ist je nach Zusammensetzung der Tracht sehr unterschiedlich in Farbe, Geschmack und Konsistenz. Heute wird Wildblütenhonig aus den Bergen oder den Mittelgebirgen bereits als Rarität gehandelt.

Winterbiene

Arbeiterinnen, die im August oder September geboren werden, bezeichnet man als Winterbienen. Sie leben bis März oder April des Folgejahres, werden also deutlich älter als die Sommerbienen. Die Aufgabe der Winterbienen ist es insbesondere, die erste Brut nach dem Winter zu pflegen.

Wintereinfütterung

Damit das Bienenvolk gut über den Winter kommt, stellt der Imker ihm zusätzlich zu den eigenen Nahrungsvorräten Zuckerwasser oder einen zuckerhaltigen Teig zur Verfügung. Dieses Futter dient auch als Ersatz nach der Honigernte. Von den Bienen wird diese Lösung wie Honigtau oder Nektar weiterverarbeitet und zur Fütterung verwendet.

Winterruhe

Im Winter befindet sich keine Brut im Bienenstock. Sinken die Temperaturen unter ein gewisses Maß, so ziehen sich die Bienen vollständig in ihren Stock zurück. Damit die Temperatur im Inneren nicht unter 20°C absinkt, rücken sie dicht zusammen und wärmen die Königin. Dabei rotieren die Arbeiterinnen ständig, damit sie nicht zu stark auskühlen. Bienen halten also keinen Winterschlaf.

Wintertraube

Im Winter und bei kalten Temperaturen ziehen sich die Bienen in ihren Stock zurück. Um die Temperatur im Bienenstock konstant zu halten, bilden sie eine Traube, die Wintertraube. Im Zentrum der Traube befindet sich die Königin. Alle anderen Bienen bewegen sich ständig und rotieren, damit die außen sitzenden Bienen nicht zu sehr abkühlen.

Wirtschaftsvolk

Im ersten Jahr seines Bestehens wird das Bienenvolk als Jungvolk (siehe auch „Jungvolk") bezeichnet. Ab dem darauffolgenden Jahr ist es ein Wirtschaftsvolk, das durch die Produktion von Honig wirtschaftlich arbeitet.

Wollbiene

Eine besondere Bienenart ist die Wollbiene. Sie hat ihren Namen, weil sie die Haare von den Blättern und Stängeln der Pflanzen abbeißt und ihr Nest damit auskleidet. Die Wollbiene zählt zu den Solitärbienen.

Wundbehandlung

Nicht nur in der Homöopathie, auch in der klassischen Medizin wird Honig zur Wundbehandlung eingesetzt. Seine antibakteriellen Eigenschaften, die das Wachstum von Keimen und Bakterien hemmen, sind es, die ihn als Heilmittel so beliebt machen. Besonders wirksam ist der Honig der Manuka-Sträucher in Neuseeland. Er wird von den Pharmafirmen zu Wundgel verarbeitet.

Z

Zarge

Die Magazinbeuten haben die Arbeit des Imkers stark erleichtert. Sie bestehen aus mehreren Zargen. In jeder Zarge hängen meist bis zu elf Rähmchen. Diese Holzrähmchen sind genormt und können daher zwischen den Beuten ausgetauscht werden. Sie kann man fertig kaufen. Der Imker muss sie dann nur noch mit Draht verspannen, Mittelwände aufsetzen und befestigen und die Rähmchen in die Zarge einhängen.

Zeidler

Die Zeidler waren die Vorgänger der Imker. Sie waren im Mittelalter die ersten Honigsammler. Die Zeidler hielten aber keine eigenen Bienen, sie ernteten lediglich den Honig von wilden Bienenvölkern.

Zementhonig

Zementhonig ist Honig, der so zäh ist, dass er sich nicht schleudern lässt. Schuld daran ist der hohe Melezitose-Gehalt, eine Zuckerart, die vor allem in Honigtau vorkommt. Sie führt dazu, dass der Honig bereits im Honigraum so fest wird, das er nur unter Schwierigkeiten oder gar nicht geerntet werden kann.

Zittertanz

Neben Rundtanz und Schwänzeltanz ist der Zittertanz das dritte Element der Tanzsprache bei den Bienen. Haben die Sammelbienen eine besonders ertragreiche Tracht ausfindig gemacht, verkünden sie dies im Stock über ihren Zittertanz. Damit wird auch mitgeteilt, dass man nun mehr Nahrung sammeln wird, als im Bienenstock verarbeitet werden kann. Die Aufgaben unter den Arbeitsbienen müssen daher zum Teil neu verteilt werden.

Zucht

Bei der Bienenzucht muss der Imker geeignete Königinnen und Drohnen für das neue Bienenvolk auswählen. Dazu muss der Imker sein Bienenvolk eingehend beobachten und sich Notizen über den Zustand des Volkes machen. Je nach Zuchtziel legt er dabei auf unterschiedliche Eigenschaften Wert. Manche Imker wählen die Bienen nach ihrer Sanftmut aus, andere nach ihrer Winterfestigkeit oder ihrer Schwarmneigung. Die Zuchtwahl oder Körung erfolgt schließlich aufgrund der Einschätzung des Imkers bezüglich der Qualität des Erbguts.

Zusetzkäfig

Das kleine Kästchen, in dem man eine Königin zusammen mit ein paar Arbeiterinnen zu einem neuen Volk transportiert, wird Zusetzkäfig genannt. Es ist geschlossen, allerdings ist eine Seite lediglich mit einem feinen Maschendraht versehen. Damit ist sichergestellt, dass die Bienen ausreichend Luft bekommen. Der Zusetzkäfig wird auch dazu benutzt, einem weisellosen Bienenvolk eine neue Königin zu bringen.

Zweifachzucker

Honig enthält überwiegend Monosaccharide (siehe auch „Monosaccharide"), also Einfachzucker. Nur ein Zehntel des Zuckers liegt in Form von Zweifachzucker vor. Das kommt unter anderem daher, weil die Speichelenzyme der Honigbiene die Zweifachzucker zu Einfachzucker abbauen.

14. Bienen Webseiten

Links zu interessanten Webseiten zum Thema Bienen und Imkerei

http://de.wikibooks.org/wiki/Einführung_in_die_Imkerei

http://home.wtal.de/MeineHomepage/fibel.html

http://imkerei.mikley.de/begriffe.php

http://step-project.net/

http://wikibee.org

http://www.abfnet.org

http://www.agroscope.admin.ch/imkerei/index.html?lang=de

http://www.aid.de/landwirtschaft/bienen_bestaeubungsleistung.php

http://www.apidologie.org

http://www.apisjovita.de

http://www.bee-info.de/honig/honiganalyse.html

http://www.beekeeping.com

http://www.beekeeping.org

http://www.beeologics.com

http://www.beesting.de

http://www.berufsimker.de

http://www.bestaeubungsimker-deutschland.de

http://www.bestaeubungsimkerei.org

http://www.bienen.de

http://www.bienen-ag.ch

http://www.bienen-korb.de

http://www.bieneninstitut-kirchhain.de

http://www.bieneninstitut.de

http://www.bienenjournal.de

http://www.bienenkiste.de

http://www.bienenpaten.de

http://www.bienenschade.de

http://www.bienenwelt.ch

http://www.bienenwiki.de

http://www.bienenzuchtverein-rossdorf.de

http://www.bioimkerhonig.de

http://www.coloss.org

http://www.deutscherimkerbund.de

http://www.die-honigmacher.de

http://www.diebiene.de

http://www.die-bienenfarm.de

http://www.eurbee2010.org

http://www.fugabee.uni-halle.de

http://www.fugapis.uni-halle.de

http://www.hobbyimkerei-kesten.de

http://www.holdi.de/Imkersoftware/imkersoftware.php

http://www.honey-bees.de

http://www.honig.de

http://www.honigbiene.de

http://www.honigbienen.org

http://www.honighaeuschen.de

http://www.imker-schwaben.de

http://www.imkerei-schwarz.de

http://www.imkerforum.de

http://www.imkerhomepage.de

http://www.imkerschule-sh.de

http://www.imkershop-seip.de

http://www.imkerverband-berlin.de

http://www.imkerverein-nordhorn.de

http://www.imkerwiki.de

http://www.immelieb.de

http://www.karlheinz-graf.de/js/imkerei

http://www.llh-hessen.de

http://www.löwenzahn-honig.de/

http://www.lunedemiel.tm.fr/al/07.htm

http://www.lwg.bayern.de/bienen

http://www.magazinimker.de

http://www.mellifera.de

http://www.meine-hobby-imkerei.de

http://www.nabu.de

http://www.naju.de

http://www.najuversum.de

http://www.naturlandimker.de

http://www.neuerhonig.de

http://www.neuimker.de

http://www.nordbiene.de

http://www.oeko-fair.de/essen-trinken/honig

http://www.pro-jungimker.de

http://www.rps.psu.edu/probing/bee.html

http://www.saarcarnica.de

http://www.staff.uni-marburg.de

http://www.uni-hohenheim.de/bienenkunde

http://www.webmuseum.ch/natur/Bienen/bi_index.cfm

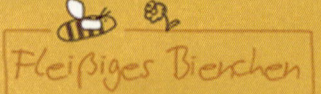

Warenkorb
(Leer)

BIENENKOENIGINNEN   ABLEGER & KUNSTSCHWARM   MITTELWÄNDE   IMKERBUCH

FLEIßIGES
BIENCHEN
BIENENKÖNIGINNEN
VON IMKER ZU IMKER

Buckfast Bienenköniginnen
F1 • künstlich gesamt • Inselbegattet

ab 20,90 €

Ableger & Kunstschwärme
mit Buckfast Königin

ab 89,00 €

Mittelwände
aus Ihrem Wachs

ab 3,35 €

Imkerbuch
123dabei - Wie man Imker wird

19,90 €

Das Bienenlexikon von A bis Z

www.fleissigesbienchen.de